精通 MongoDB 3.x

[美] 亚历克斯·吉玛斯　著

陈　凯　译

清华大学出版社

北　京

内 容 简 介

本书详细阐述了与 MongoDB 3.x 相关的基本解决方案，主要包括 MongoDB —— 现代 Web 数据库，模式设计和数据建模，MongoDB CRUD 操作，高级查询，聚合，索引，监控、备份和安全性，存储引擎，通过 MongoDB 利用大数据，复制，分片，容错和高可用性等内容。此外，本书还提供了相应的示例、代码，以帮助读者进一步理解相关方案的实现过程。

本书既适合作为高等院校计算机及相关专业的教材和教学参考书，也可作为相关开发人员的自学教材和参考手册。

Copyright © Packt Publishing 2018.First published in the English language under the title
Mastering MongoDB 3.x.
Simplified Chinese-language edition © 2019 by Tsinghua University Press.All rights reserved.

本书中文简体字版由 Packt Publishing 授权清华大学出版社独家出版。未经出版者书面许可，不得以任何方式复制或抄袭本书内容。

北京市版权局著作权合同登记号 图字：01-2018-7420

图书在版编目（CIP）数据

精通 MongoDB 3.x/（美）亚历克斯·吉玛斯著；陈凯译 .—北京：清华大学出版社，2019.9
书名原文：Mastering MongoDB 3.x
ISBN 978-7-302-53298-9

Ⅰ.①精…　Ⅱ.①亚…　②陈…　Ⅲ.①关系数据库系统　Ⅳ.① TP311.132.3

中国版本图书馆 CIP 数据核字（2019）第 137779 号

责任编辑：贾小红
封面设计：刘　超
版式设计：文森时代
责任校对：马军令
责任印制：宋　林

出版发行：清华大学出版社
　　　　　网　　　址：http://www.tup.com.cn，http://www.wqbook.com
　　　　　地　　　址：北京清华大学学研大厦 A 座　　　　　邮　　编：100084
　　　　　社 总 机：010-62770175　　　　　　　　　　　　邮　　购：010-62786544
　　　　　投稿与读者服务：010-62776969，c-service@tup.tsinghua.edu.cn
　　　　　质 量 反 馈：010-62772015，zhiliang@tup.tsinghua.edu.cn
印 装 者：北京密云胶印厂
经　　销：全国新华书店
开　　本：185mm×230mm　　　印　　张：17.5　　　字　　数：378 千字
版　　次：2019 年 9 月第 1 版　　　印　　次：2019 年 9 月第 1 次印刷
定　　价：89.00 元

产品编号 081937-01

译 者 序

    2018 年 12 月，DB-Engines 数据库流行度排行榜公布了最新的一组数据，该数据显示，Oracle、MySQL、SQL Server、PostgreSQL 分列前 4 名，而第 5 名正是 MongoDB。事实上，明眼人一看就知道，排在 MongoDB 前面的 4 款产品都是关系数据库管理系统，而 MongoDB 属于 NoSQL 数据库，也就是说，MongoDB 在 NoSQL 数据库家族中，实际上是排名第一。这个惊人的排名充分反映了 MongoDB 目前受到追捧的程度。

    其实，MongoDB 的历史并不算长。2007 年，位于纽约的一个名为 10gen 的组织开发了 MongoDB；2009 年 8 月，它被作为一个由 MongoDB 公司维护和支持的开源数据库服务器进入了市场。MongoDB 是一个开源产品，也是最接近于关系型数据库的 NoSQL 数据库。它在轻量级 JSON 交换基础之上进行了扩展，即使用称为 BSON 的方式来描述其无结构化的数据类型。

    MongoDB 的第 1 版在功能、授权和 ACID 保证方面都表现平平，但是它在性能和灵活性方面的优势弥补了这些缺点。经过多次的版本迭代，现在的 MongoDB 已经变成了一款功能强大而又适应敏捷开发、微服务架构、云环境、大数据分析等的成熟产品。它的优点包括：面向文档存储、动态查询、全索引支持、查询记录分析、高效存储二进制的对象（比如照片和视频）、复制和故障转移支持、自动分片和支持复杂聚合等。

    本书是有志学习 MongoDB 者的良师益友。它从 SQL 和 NoSQL 技术的分野开始讲起，阐述了关系数据库和 MongoDB 的模式设计；介绍了 MongoDB 创建、读取、更新、删除操作，以及使用 Ruby、Python 和 PHP 执行高级查询的概念；深入讨论了聚合框架、索引、监控、备份等应用；详细介绍了 MongoDB 中的不同存储引擎；展示了 MongoDB 如何适应更广泛的大数据环境和生态系统；讨论了副本集以及如何管理它们；探讨了分片机制等。总之，学习本书可以为读者较为全面地掌握 MongoDB 应用打下坚实的基础。

    在翻译本书的过程中，为了更好地帮助读者理解和学习，本书以中英文对照的形式保留了大量的术语，这样的安排不但方便读者理解书中的代码，而且也有助于读者查找和利用本书配套网站上的资源。

    本书由陈凯翻译，马宏华、唐盛、郝艳杰、黄永强、黄刚、黄进青、熊爱华等参与了程序测试和资料整理等工作。由于译者水平有限，错漏之处在所难免，在此诚挚欢迎读者提出宝贵意见和建议。

译 者

前　言

MongoDB 已经发展成为事实上的 NoSQL 数据库，拥有数百万用户，这些用户从小型初创企业到财富 500 强企业都有。为了解决基于 SQL 模式的数据库的局限性，MongoDB 开创了 DevOps 关注重点的转移，并给 DevOps 团队提供了可维护的分片和复制机制。本书基于 MongoDB 3.x，涵盖了大量相关主题，例如，使用 shell 进行数据库查询、使用内置驱动程序和流行的 ODM 映射器等，此外还包括一些更高级的主题，如分片、高可用性以及与大数据源的集成等。

本书通过相关用例介绍了 MongoDB 的功能以及如何发挥其优势；详细阐述了如何有效地查询 MongoDB 并尽可能地使用索引；探讨了内部部署或云上 MongoDB 安装的管理；解释了存储系统以及它们如何影响性能。最后，本书还深入阐释了复制和 MongoDB 扩展，以及与异构数据源的集成。到本书学习结束时，相信读者将拥有所有必需的行业技能和知识，成为合格的 MongoDB 开发人员和管理员。

本书内容综述

本书共分 12 章，各章内容分述如下。

第 1 章"MongoDB——现代 Web 数据库"，主要回顾了 Web 和 MongoDB 的发展历史，SQL 和 NoSQL 技术的分野等。

第 2 章"模式设计和数据建模"，介绍了关系数据库和 MongoDB 的模式设计，以及如何从不同的角度开始实现相同的目标。

第 3 章"MongoDB CRUD 操作"，给出了 MongoDB 创建、读取、更新、删除操作的全面综述。

第 4 章"高级查询"，讨论了使用官方驱动程序和 ODM，以及使用 Ruby、Python 和 PHP 执行高级查询的概念。

第 5 章"聚合"，深入讨论了聚合框架。本章还讨论了为什么以及何时应该使用聚合而不是 MapReduce 和查询数据库。

第 6 章"索引"，探讨了每个数据库最重要的属性之一，即索引。

第 7 章"监控、备份和安全性"，讨论了 MongoDB 的操作方面。监控、备份和安全性不应该是事后的想法，而应该是在生产环境中部署 MongoDB 之前的必要过程。

第 8 章"存储引擎"，详细介绍了 MongoDB 中的不同存储引擎。深入分析了每个存储引擎的优缺点以及选择每个存储引擎的用例。

第 9 章"通过 MongoDB 利用大数据"，更多地展示了 MongoDB 如何适应更广泛的大数据环境和生态系统。

第 10 章"复制"，讨论了副本集以及如何管理它们。从围绕选举的副本集和副本集内部的架构概述开始，本章深入研究了设置和配置副本集。

第 11 章"分片"，探讨了分片机制，这是 MongoDB 最有趣的功能之一。本章从分片的架构概述开始，然后继续讨论如何设计分片，尤其是选择正确的分片键。

第 12 章"容错和高可用性"，提供了在前面的章节中没有讨论过的一些内容，并突出强调了其中的一些概念。

阅读基础

要顺利阅读本书并完成所有代码示例，读者应具备以下基础条件。

- MongoDB 版本 3+
- Apache Kafka 1
- Apache Spark 2+
- Apache Hadoop 2+

本书适合的读者

本书面向的读者是希望学习如何更有效和更高效地使用 MongoDB 的数据库开发人员、架构师和管理员。

如果你有使用 NoSQL 数据库建立应用程序和网站的经验，并且对 MongoDB 有兴趣，那么本书非常适合你。

本书约定

本书将可以看到许多区分不同类型信息的文本样式。以下是这些样式的一些示例以及对它们的含义的解释。

（1）CodeInText：表示文本中的代码字、数据库表名、文件夹名、文件名、文件扩展名、路径名、虚拟 URL、用户输入和 Twitter 句柄等。以下段落就是一个示例。

开发人员可以通过在 shell 的索引命令中添加 {background：true} 参数来在后台构建索引。后台索引只会阻止当前的连接 / 线程。开发人员可以打开一个新连接（即在命令行中使用 mongo）来连接到同一个数据库。

（2）当希望引起读者对代码块的特定部分的注意时，相关的行或项目以粗体显示。

```
> db.types.find().sort({a:-1})
{ "_id" : ObjectId("5908d59d55454e2de6519c4a"), "a" : [ 2, 5 ] }
{ "_id" : ObjectId("5908d58455454e2de6519c49"), "a" : [ 1, 2, 3 ] }
```

（3）任何命令行输入或输出都采用如下所示的代码形式。

```
> db.types.insert({"a":4})
WriteResult({ "nInserted" : 1 })
```

（4）新术语和重要单词以粗体显示，并提供了中英文对照的形式。

本章将使用官方驱动程序和最常用的对象文档映射器（Object Document Mapper, ODM）框架来探索创建、读取、更新和删除操作。

🛈 该图标旁边的文字表示警告或重要的信息。

🛈 该图标旁边的文字表示提示或技巧。

下载示例代码文件

读者可以从 www.packtpub.com 下载本书的示例代码文件。具体步骤如下。

（1）登录或注册 www.packtpub.com。

（2）选择 Support（支持）选项卡。

（3）单击 Code Downloads & Errata（代码下载和勘误表）。

（4）在 Search（搜索）文本框中输入图书名称 Mastering MongoDB 3.x。

（5）选择要下载的代码文件。

（6）单击 Code Download（代码下载）。

下载文件后，请确保使用最新版本解压缩或解压缩文件夹。

- WinRAR/7-Zip（Windows 系统）
- Zipeg/iZip/UnRarX（Mac 系统）
- 7-Zip/PeaZip（Linux 系统）

该书的代码包也已经在 GitHub 上托管，网址为 https://github.com/PacktPublishing/Mastering-MongoDB-3x 和 https://github.com/agiamas/mastering-mongodb，欢迎读者访问。

关于作者

Alex Giamas 是英国政府 Department for International Trade（国际贸易部）的高级软件工程师。他还曾担任各种初创公司的顾问，是系统工程、NoSQL 和大数据技术方面经验丰富的专业人士，同时还拥有丰富的工作经历，包括共同创建数字健康创业公司和任职财富 15 强公司等。

他从 2009 年开始使用 MongoDB 和早期的 1.x 版本，将其用于围绕数据存储和分析处理的多个项目。自 2007 年以来，他一直在使用 Apache Hadoop 进行开发，并参与了其孵化工作。

他曾使用各种 NoSQL 和大数据技术，以 C++、Java、Ruby 和 Python 构建可扩展且高可用的分布式软件系统。

Alex 拥有 Carnegie Mellon University（卡内基梅隆大学）信息网络硕士学位，并曾于 Stanford University（斯坦福大学）进修专业课程。他毕业于 National Technical University of Athens，Greece in Electrical and Computer Engineering（希腊雅典国立技术大学电气与计算机工程系）也是 MongoDB 认证的开发人员，同时还是 Cloudera 认证的 Apache Hadoop 和 Data Science Essentials 的开发人员。

过去 4 年，他定期在 InfoQ 在线新闻中社区网站上发表了很多有关 NoSQL、大数据和数据科学主题方面的文章。

这些年来，我要感谢我父母的支持和建议。

感谢我的未婚妻玛丽在我撰写本书期间的耐心和支持。

关于审稿者

Juan Tomás Oliva Ramos 是 University of Guanajuato，Mexico（墨西哥瓜纳华托大学）的环境工程师，拥有行政工程和质量硕士学位。他在专利管理和开发、技术创新项目，以及通过流程统计控制开发技术解决方案方面拥有 5 年以上的经验。

自 2011 年以来，他一直是统计学、企业家精神和项目技术开发方面的教师。他变成了一名企业家导师，并在 Instituto Tecnológico Superior de Purisima del Rincon Guanajuato，Mexico（墨西哥瓜纳华托州普瑞索玛德林肯高级技术研究所）开设了一个新的技术管理和创业部门。

Juan 是墨西哥 Alfaomega 公司的审稿者，曾经审读过有关智能手表、智能电视和 Android 移动设备的可穿戴设计方面的图书。

Juan 还通过编程和自动化技术开发了原型，用于改进已经注册专利的操作。

我要感谢上帝赐予我智慧和谦虚来审阅这本书。

感谢我美丽的妻子 Brenda，我们两位神奇的公主（Maria Regina 和 Maria Renata）和我们家庭的下一位成员（Angel Tadeo），你们所有人都赋予我力量，给我带来了开心快乐的每一天。有你们真好。

Nilap Shah 是一位优秀的软件顾问，拥有多个领域的经验和技术。他是 .NET、Uipath（机器人技术）和 MongoDB 方面的专家。他是经过认证的 MongoDB 开发人员和 DBA。他既是技术作家，也是技术演讲者。他还提供 MongoDB 企业培训。目前，Nilap 正在担任 MongoDB 的主要顾问，并为 MongoDB（DBA 和开发人员项目）提供解决方案。

目 录

第 1 章　MongoDB——现代 Web 数据库

本章将为读者理解 MongoDB 打下坚实的基础，MongoDB 是为现代 Web 而设计的数据库。本章将要讨论的主题包括以下内容。

- Web、SQL 和 MongoDB 的历史和演变
- 从 SQL 和其他 NoS QL 技术用户的角度出发来理解 MongoDB
- MongoDB 的常见用例及其重要性
- 配置最佳实践
  - 操作
  - 架构设计
  - 写入持久性
  - 副本
  - 分片
  - 安全性
  - AWS
- 了解学习方法

  如今，了解如何学习与学习一样重要。本章将为新老用户提供有关 MongoDB 最新信息的参考资料。

1.1　Web 的历史

1989 年 3 月，Tim Berners-Lee（蒂姆·伯纳斯·李）爵士在一份名为 *Information Management*：*A Proposal*（信息管理：建议书）的文档中公布了他对后来被称为万维网（World Wide Web，WWW）的网络的愿景（http://info.cern.ch/Proposal.html）。从那时起，万维网已成为我们这个星球上 2/5 以上人群的信息、通信和娱乐工具。

1.1.1　Web 1.0

万维网的第一个版本完全依赖于它们之间的网页和超链接，这个概念一直保持到现在。它基本上是只读的，对用户和网页之间的交互支持有限。实体公司只是使用它来提

供信息页面。普通用户只能使用像 Yahoo! 和 DMOZ 这样的分层目录来查找网站。这时的网络意味着是一个信息门户。

这虽然不是 Tim Berners-Lee 爵士的愿景,但它允许 BBC 和 CNN 等媒体创建数字化形式的内容并开始向用户推送信息。它彻底改变了信息获取的方式,因为世界上的每个人都可以同时获得第一手的信息。

Web 1.0 完全独立于设备和软件,允许每个设备访问所有信息。资源由地址(网站的 URL)标识,开放协议(GET、POST、PUT、DELETE)可用于访问内容资源。

超文本标记语言(Hyper Text Markup Language,HTML)用于开发提供静态内容的网站。这时还没有层叠样式表(Cascading Style Sheet,CSS)的概念,因为页面中元素的定位只能使用表格来进行调整,并且框架集广泛用于在页面中嵌入信息。

事实证明它严重限制了 Web 的表现能力,因此浏览器供应商随后开始添加自定义的 HTML 标签,例如 <blink> 和 <marquee>,而这也导致了第一次的浏览器大战,互为竞争对手的微软公司 Internet Explorer 浏览器和 Netscape 浏览器竞相扩展了 HTTP 协议的功能。Web 1.0 到 1996 年达到了 4500 万名用户。

如图 1.1 就是在 Web 1.0 时代的 Lycos 的主页,它的网址如下。

http://www.lycos.com/

图 1.1 Web 1.0 时代的 Lycos 主页

如图 1.2 则是 Yahoo! 在 Web 1.0 时代的主页，它的网址如下。

http://www.yahoo.com

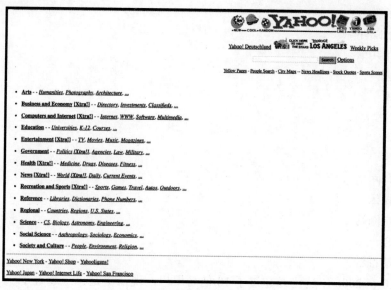

图 1.2　Web 1.0 时代的 Yahoo! 主页

1.1.2　Web 2.0

Web 2.0 是 Tim O' Reilly 首先定义和制定的术语，人们使用它来描述当前的万维网的站点和服务。其主要特征是 Web 从只读状态转变为读写状态。网站发展成为服务，人类协作在 Web 2.0 中发挥着越来越重要的作用。

从简单的信息门户起步，现在的 Web 2.0 拥有更多类型的服务，如下所示。

- 音频
- BlogPod
- 博客
- 书签
- 日历
- 聊天
- 协作
- 通信
- 社区

- CRM
- 电子商务
- 电子学习
- 电子邮件
- 文件共享
- 论坛
- 游戏
- 图像
- 知识
- 地图
- 聚合网站
- 多媒体
- 门户网站
- RSS
- 维基百科

Web 2.0 在 2006 年就已经超过了 10 亿名用户，现在更是已经超过了 37.7 亿名用户（2017 年年底的数据）。构建社区是 Web 2.0 的差异化因素，它允许互联网用户连接有共同兴趣的人，进行交流和共享信息。

个性化是 Web 2.0 的重要组成部分，许多网站都会为其用户提供量身定制的内容。推荐算法和人工策划决定了向每个用户显示的内容。

浏览器可以使用 Adobe Flash、异步 JavaScript 和 XML（Asynchronous JavaScript and XML，AJAX）技术支持越来越多的桌面应用程序。大多数桌面应用程序都有 Web 对应程序，可以补充或完全取代桌面版本。最值得注意的例子是办公效率类软件（例如，Google Docs、Microsoft Office 365）、Digital Design Sketch，以及图像编辑和操作软件（例如，Google Photos、Adobe Creative Cloud）等。

从网站迁移到 Web 应用程序也揭开了面向服务架构（Service Oriented Architecture，SOA）的时代。应用程序可以相互连接，通过应用程序编程接口（Application Programming Interface，API）公开数据，从而允许在应用程序层之上构建更复杂的应用程序。

定义 Web 2.0 的应用程序之一是社交应用程序（App）。截至 2016 年年底，拥有 18.6 亿名月活跃用户的 Facebook 就是最著名的例子。人们使用社交网络和许多 Web 应用程序共享自己的社交的方方面面，这使人们能够与同行沟通并极大地扩展自己的社交圈。

1.1.3　Web 3.0

Web 3.0 尚未出现，但预计 Web 3.0 将如它的名字所揭示的那样，带来新一代的 Web 功能。它可能看起来像 Web 2.0 应用程序一样有突破性的进展，它们都主要依赖于结构化信息。人们将使用相同的关键字搜索概念，并将这些关键字与网络内容相匹配，而不必过多了解用户请求的上下文、内容和意图。Web 3.0 也称为数据 Web（Web of Data），它将依靠机器间通信和算法通过各种人机界面提供丰富的交互。

1.2　SQL 和 NoSQL 的演变

结构化查询语言（Structured Query Language，SQL）甚至在万维网之前就已存在。EF Codd（埃德加·考特）博士最初于 1970 年 6 月在国际计算机协会（Association of Computer Machinery，ACM）杂志 *Communication of the ACM*（《ACM 通讯》）上发表了论文 *A Relational Model of Data for Large Shared Data Banks*（大型共享数据库数据的关系模型）。SQL 最初由 Chamberlin 和 Boyce 于 1974 年在 IBM 开发。Relational Software（现为 Oracle 公司）是第一个针对美国政府机构开发的商业化 SQL 实现的公司。

第一个美国国家标准协会（American National Standards Institute，ANSI）SQL 标准于 1986 年问世，自那时起，已有 8 次修订，最新版本于 2016 年发布（SQL：2016）。

在万维网开始时，SQL 并不是特别受欢迎，因为静态内容可以简单地硬编码到 HTML 页面中而不用考虑更多。然而，随着网站功能的增长，网站管理员希望生成由离线数据源驱动的网页内容，以生成可能随着时间的推移而无须重新部署代码的内容。

Perl 或 Unix shell 中的通用网关接口（Common Gateway Interface，CGI）脚本推动了 Web 1.0 中早期的数据库驱动网站。使用 Web 2.0，Web 从直接将 SQL 结果注入浏览器演变为使用两层和三层架构，将视图与业务和模型逻辑分开，从而允许 SQL 查询模块化并与 Web 应用程序的其余部分隔离。

另一方面，NoSQL（Not only SQL）更加现代化，并且超越了 Web 演进的速度，直接与 Web 2.0 技术同时崛起。该术语最初由 Carlo Strozzi（卡洛·斯特罗齐）于 1998 年创建，因为他的开源数据库虽然不符合 SQL 标准，但仍然是关系型的。

这不是目前对 NoSQL 数据库的期望。当时 Last.fm 的开发人员 Johan Oskarsson（约翰·奥斯卡森）在 2009 年年初重新引入了该术语，将一组正在开发的分布式非关系数据存储分组。其中许多都基于谷歌公司的 Bigtable 和 MapReduce 论文或亚马逊公司的 Dynamo 高可用的基于键-值（Key-Value）的存储系统。

NoSQL 基础随着放松原子性、一致性、隔离性、持久性（Atomicity、Consistency、Isolation、Durability，ACID）的保证而增长，它有利于性能提升，具备可扩展性（Scalability）和灵活性（Flexibility），并且可以降低复杂性（Complexity）。大多数 NoSQL 数据库都以这样或那样的方式提供尽可能多的上述品质，甚至会为开发人员提供可调节的保证。

SQL 和 NoSQL 演变的时间线如图 1.3 所示。

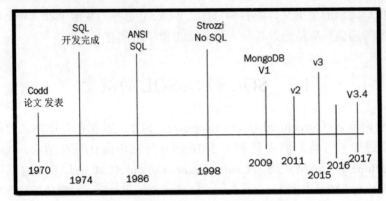

图 1.3　SQL 和 NoSQL 演变的时间线

1.2.1　MongoDB 的演变

MongoDB（来自于英文单词 Humongous，中文含义为"庞大"），是可以应用于各种规模的企业、各个行业以及各类应用程序的开源数据库。MongoDB 由位于纽约的一个名为 10gen 的组织开发，该组织从 2007 年开始开发云计算堆栈，并且很快就意识到他们最重要的创新是由他们所构建的面向文档（Document Oriented）的数据库 MongoDB。2009 年 8 月 27 日，MongoDB 首次正式发布。

MongoDB 的第 1 版在功能、授权和 ACID 保证方面都表现平平，但是它在性能和灵活性方面的优势弥补了这些缺点。

以下各小节将详细介绍 MongoDB 的主要功能及它们的版本号。

版本 1.0 和 1.2 的主要功能组合

- 基于文档的模型
- 全局锁（进程级）
- 集合的索引
- 对文档的 CRUD 操作
- 无身份验证（在服务器级别处理身份验证）

- 主/从复制
- MapReduce（在 v1.2 中引入）
- 存储的 JavaScript 函数（在 v1.2 中引入）

版本 2

- 创建后台索引（自 v1.4 起）
- 分片（自 v1.6 起）
- 更多查询运算符（自 v.1.6 起）
- Journal 日志（自 v.1.8 起）
- 稀疏和覆盖索引（自 v.1.8 开始）
- 压缩命令以减少磁盘使用
- 内存使用更高效
- 并发性能改进
- 索引性能增强
- 副本集更易于配置，并且具备数据中心意识
- MapReduce 改进
- 身份验证（自 2.0 以来用于分片和大多数数据库命令）
- 引入了地理空间功能

版本 3

- 聚合框架（自 v.2.2 起）和增强（自 v.2.6 起）
- TTL 集合（自 v.2.2 起）
- DB 级别锁定（自 v.2.2 起）中的并发性能改进
- 文本搜索（自 v.2.4 起）和集成（自 v.2.6 起）
- 哈希索引（自 v.2.4 起）
- 安全性增强，基于角色的访问（自 v.2.4 起）
- V8 JavaScript 引擎取代 SpiderMonkey（自 v.2.4 起）
- 查询引擎改进（自 v.2.6 起）
- 可插拔存储引擎 API
- 引入了 WiredTiger 存储引擎及文档级锁定，而以前的存储引擎（现在称为 MMAPv1）支持的是集合级锁定

版本 3+

- 复制和分片增强（自 v.3.2 起）
- 文档验证（自 v.3.2 起）

- 聚合框架增强的操作（自 v.3.2 起）
- 多个存储引擎（自 v.3.2 起，仅在企业版中）

MongoDB 的演变如图 1.4 所示。

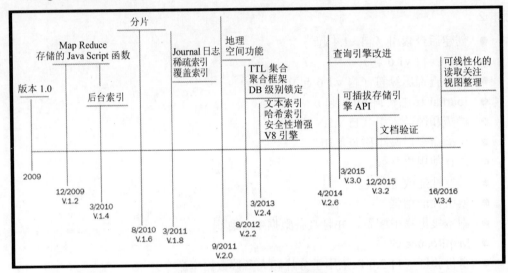

图 1.4　MongoDB 的演变图

　　可以看出，版本 1.0 的功能是非常基础的，而版本 2 则已经引入了当前版本中存在的大多数功能，例如分片、可用和特殊索引、地理空间特性，以及内存和并发性能改进。

　　从版本 2 到版本 3 的演变过程中，引入了聚合框架，这主要是作为对老化的 MapReduce 框架的补充（并且永远不会与像 Hadoop 这样的专用框架相提并论）。此外，还添加了文本搜索以和缓且有效地提高性能，确保稳定性和安全性，以适应使用 MongoDB 的客户不断增加的企业负载。

　　随着 WiredTiger 在版本 3 中的引入，对于 MongoDB 来说，锁定不再是问题，因为它现在可以执行从进程（全局锁定）到文档级别的锁定，几乎已经达到了最细粒度的级别。

　　就目前来说，MongoDB 是一个跨平台的面向文档的数据库，它不但可以提供高性能、高可用性和易于扩展的特性，而且可以处理从启动 MVP 和 POC 到具有数百台服务器的企业应用程序的负载。

1.2.2　MongoDB 和 SQL 开发人员

　　MongoDB 是在 Web 2.0 时代开发的。从 Web 2.0 时代开始，大多数开发人员都是使用他们所选择的语言中的 SQL 或对象关系映射（Object-Relational Mapping，ORM）工具来访问关系数据库管理系统（Relational Database Management System，RDBMS）的数据。因此，这些开发人员需要一种简单的方法来熟悉 MongoDB 的关系背景。

值得庆幸的是，在 SQL 术语中有若干个词汇可以用来尝试解释 MongoDB 的术语，它们之间的对应可以让 SQL 开发人员快速明白其含义。

例如，在较高的层次上，以下术语可以形成对应关系。

- 数据库、索引：它们的概念和在 SQL 数据库中是一样的
- 集合：相当于 SQL 表
- 文档：相当于 SQL 行
- 字段：相当于 SQL 列
- 嵌入和链接的文档：相当于 SQL 连接

更详细的对比如表 1.1 所示。

表 1.1　MongoDB 术语和 SQL 术语的对应关系

SQL	MongoDB
数据库	数据库（Database）
表	集合（Collection）
索引	索引（Index）
行	文档（Document）
列	字段（Field）
连接	通过 DBRef 嵌入文档或链接
CREATE TABLE employee(name VARCHAR(100))	db.createCollection（"employee"）
INSERT INTO employees VALUES (Alex, 36)	db.employees.insert({name: "Alex", age: 36})
SELECT * FROM employees	db.employees.find()
SELECT * FROM employees LIMIT 1	db.employees.findOne()
SELECT DISTINCT name FROM employees	db.employees.distinct（"name"）
UPDATE employees SET age = 37 WHERE name = 'Alex'	db.employees.update({name: "Alex"}, {$set: {age: 37}}, {multi: true})
DELETE FROM employees WHERE name = 'Alex'	db.employees.remove({name: "Alex"})
CREATE INDEX ON employees (name ASC)	db.employees.ensureIndex({name: 1})

资料来源：http://s3.amazonaws.com/info-mongodb-com/sql_to_mongo.pdf

1.2.3　MongoDB 和 NoSQL 开发人员

随着 MongoDB 从小众数据库解决方案发展成为 NoSQL 技术的万能工具，越来越多具有 NoSQL 经验的开发人员也会争相使用。

抛开 SQL 和 NoSQL 的差异不谈，列式（Columnar）存储类型数据库的用户面临着最大的挑战。Cassandra 和 HBase 是最受欢迎的面向列的数据库管理系统，我们将研究其差异，以及开发人员如何将系统迁移到 MongoDB。

● 灵活性（Flexibility）：MongoDB 的文档概念可以包含嵌套在复杂层次结构中的子文档，这些文档非常具有表现力和灵活性。这类似于 MongoDB 和 SQL 之间的比较，MongoDB 可以更容易地映射到任何编程语言的普通旧对象，从而可以轻松部署和维护。

● 灵活的查询模型（Flexible Query Model）：用户可以选择性地对每个文档的某些部分建立索引，基于属性值、正则表达式或范围进行查询，并根据应用程序层的需要为每个对象提供尽可能多的属性。还可以通过创建主要、次要索引及特殊类型的索引（如稀疏索引）以极大地提高查询效率。通过 MapReduce 使用 JavaScript shell，大多数开发人员和许多数据分析师都可以快速查看数据，并通过查询获得有价值的数据分析见解。

● 本机聚合（Native Aggregation）：聚合框架可以为用户提供抽取 - 转换 - 加载（Extract-Transform-Load，ETL）管道，以便从 MongoDB 中提取和转换数据，并以新格式加载或将其从 MongoDB 导出到其他数据源。这也可以帮助数据分析师和科学家获得他们在执行数据分析过程中所需的数据片段。

● 无模式模型（Schemaless Model）：这是 MongoDB 设计理念的结果，它赋予应用程序解释集合文档中不同属性的能力和责任。与 Cassandra 或 HBase 的基于模式的方法相比，在 MongoDB 中，开发人员可以存储和处理动态生成的属性。

1.3　MongoDB 的主要特征和用例

本节将分析 MongoDB 作为数据库的主要特征。了解 MongoDB 提供的功能可以帮助开发人员和架构师评估手头的需求，以及 MongoDB 如何帮助用户实现它。此外，本节还将介绍 MongoDB Inc. 的一些常见用例，这些用例为用户带来了最佳结果。

1.3.1　主要特征

MongoDB 已经发展成为通用的 NoSQL 数据库，提供了关系数据库管理系统和

NoSQL 世界中最好的一个数据库，其主要特征如下。

- 它是一个通用数据库。与为其目的而构建的其他 NoSQL 数据库（例如，图形数据库）相比，MongoDB 可以在应用程序中提供异构（Heterogeneous）加载和多种用途，扩大了 MongoDB 的适用性。
- 灵活的模式设计。面向文档的方法具有可以动态修改的非定义的属性，这是 MongoDB 和关系数据库之间的关键对比。
- 它从一开始就具有高可用性。在我们这个强调五个 9（99.999%）高可用性的时代，这必须是一个前提。与检测到服务器故障时的自动故障转移功能相结合，这有助于实现高正常运行时间。
- 功能丰富。提供全系列的 SQL 等效运算符，以及 MapReduce、聚合框架、TTL 索引／上限集合（Capped Collection）和二级索引等功能，MongoDB 可以适应多种用例，无论需求有多么多样化。
- 可扩展性和负载平衡。它被构建为具有可扩展性，包括垂直方向的扩展，当然最重要的还是水平方向的扩展。通过使用分片功能，架构师可以在不同实例之间共享负载，并实现读写的可扩展性。通过分片平衡器功能，可以实现对用户自动且透明地进行数据平衡。
- 聚合框架。它在数据库中内置了提取－转换－加载框架，这意味着开发人员可以在数据离开数据库之前执行大多数 ETL 逻辑，从而在许多情况下消除了对复杂数据管道的需求。
- 本机复制。数据将在副本集中复制，并且无须复杂的设置。
- 安全功能。认证和授权都被考虑在内，以便架构师可以保护其 MongoDB 实例。
- JSON（BSON，Binary JSON）对象用于存储和传输文档。JSON 广泛用于 Web 上的前端和 API 通信，因此当数据库使用相同的协议时，它更易用。
- MapReduce。尽管 MapReduce 引擎不像专用框架那样先进，但它仍然是构建数据管道的绝佳工具。
- 在 2D 和 3D 中建立地理空间索引并查询信息。这对许多应用程序来说可能是可有可无的，但如果它适用于开发人员的用例，那么能够使用相同的数据库进行地理空间计算及数据存储是非常方便的。

1.3.2　MongoDB 的用例

MongoDB 是一个非常受欢迎的 NoSQL 数据库，这意味着它有若干个用例可以成功地支持高质量的应用程序。

许多成功的用例主要围绕以下几个方面。

● 集成存储的数据，提供它们的单一视图

● 物联网

● 移动应用程序

● 实时分析

● 个性化

● 目录管理

● 内容管理

所有这些成功案例都有一些共同特征。以下将尝试按相对重要性的顺序详细说明。

模式（Schema）灵活性很可能是最重要的特征。能够将文档存储在具有不同属性的集合中，这一特性不但可以在开发阶段提供帮助，也方便从可能具有或可能不具有相同属性的异构源中提取数据。与需要预定义列并且稀疏数据可能受到惩罚的关系数据库管理系统相比，在 MongoDB 中这是常态，并且它是大多数用例共享的特征。能够将属性深度嵌套到文档中，将数值组添加到属性中，同时能够搜索和索引这些字段，这些都有助于应用程序开发人员利用 MongoDB 的无模式特性。

扩展和分片是 MongoDB 用例最常见的模式。使用内置分片功能可以轻松扩展并使用副本集进行数据复制，而从读取负载卸载主服务器则可以帮助开发人员有效地存储数据。

许多用例也使用 MongoDB 作为归档数据的方式，它可以用作纯数据存储而不需要定义模式，将数据转储到 MongoDB 中相当容易，以后可以由业务分析师使用 shell 或一些可以轻松集成 MongoDB 的商业智能（Business Intelligence，BI）工具进行分析。根据时间上限或文档计数进一步分解数据可以帮助从 RAM 中提供这些数据集，这也是 MongoDB 最有效的用例之一。

在这一点上，将数据集保存在 RAM 中通常是另一种常见模式。MongoDB 在大多数版本中使用内存映射（Memory Map，MMAP）存储（也就是所谓的 MMAPv1），直到最新版本，它将数据映射委托给底层操作系统。这意味着大多数基于 GNU/Linux 的系统使用可以存储在 RAM 中的集合将大大提高性能。在引入了像 WiredTiger 这样的可插拔（Pluggable）存储引擎之后，这已经不是一个问题，更多内容详见本书第 8 章"存储引擎"。

上限集合也是许多用例中使用的功能。上限集合可以按计数或集合的总体大小限制集合中的文档。在后一种情况下，开发人员需要估算每个文档的大小，以计算出适合目标大小的文档数量。上限集合是一种快速而直接的解决方案，可以回答诸如"给我最后一小时的日志简报"之类的请求。无须维护和运行异步后台作业来清理集合。一般来说，这些可用于快速构建和操作排队系统。开发人员可以使用集合来存储消息，然后使用 MongoDB 提供的本机 Tailable 游标来迭代结果，同时堆积并提供外部系统，而不是部署和维护像 ActiveMQ 这样的专用排队系统。

低运营开销也是用例中的常见模式。在敏捷团队中工作的开发人员可以操作和维护 MongoDB 服务器集群，而无须专用的 DBA。MongoDB 管理服务可以极大地帮助减少管理开销，而 MongoDB 公司的托管解决方案 MongoDB Atlas 则意味着开发人员无须处理在操作上的令人头痛的问题。

在使用 MongoDB 的业务部门方面，几乎所有行业都有各种各样的产品，虽然这样似乎有更大的渗透率，但是在这种情况下，每个单一数据点中必须处理大量具有相对较低业务价值的数据。像物联网这样的领域可以通过利用一致性设计的可用性，以经济高效的方式存储来自传感器的大量数据，从而获益良多。另一方面，金融服务有很多是具有绝对严格的一致性要求，并且要与适当的 ACID 特性相结合，这使得 MongoDB 的适应性挑战更大。携带财务数据的交易可能只有几个字节，但却会产生数百万美元的影响，因此，所有安全网都必须能正确地传输这类信息。

基于位置的数据也是 MongoDB 蓬勃发展的领域。Foursquare 是一家基于地理位置服务（Location Based Service，LBS）的手机服务网站，该网站鼓励手机用户同他人分享自己当前所在的地理位置等信息。Foursquare 是 MongoDB 早期最为著名的客户之一，MongoDB 提供了围绕 2D 和 3D 地理定位数据的丰富功能，提供了按距离搜索、地理围栏（Geo-Fencing）和地理区域之间的交叉等功能。

总的来说，丰富的功能集是跨越不同用例的通用模式。通过提供可用于许多不同行业和应用程序的功能，MongoDB 可以成为满足所有业务需求的统一解决方案，使用户能够最大限度地降低运营开销，同时在产品开发中快速迭代。

1.3.3　对 MongoDB 的批评

MongoDB 多年来也一直饱受批评。许多开发人员都对 Web 扩展的命题持怀疑态度。反驳的论点是大多数时候不需要扩展，而应该关注其他设计考虑因素。虽然这在某些情况下可能是正确的，但它是一种错误的二分法，在一个理想的世界中，会同时拥有两者。MongoDB 尽可能地将可扩展性与功能和易用性结合在一起。

MongoDB 的无模式性质也是争论的重点之一。无模式在许多用例中确实是有益的，因为它允许将异构数据转储到数据库中而无须复杂的清理，也不会最终产生大量空列或填充到单个列中的文本块。另一方面，这是一把双刃剑，因为开发人员可能最终会在一个集合中产生许多文档，这些文档在其字段中具有松散的语义，并且在代码级别提取这些语义变得非常困难。如果模式设计不是最优的，那么开发人员最终拥有的可能只是纯粹的数据存储而不是数据库。

缺乏适当的 ACID 保证则是来自习惯了关系数据库管理系统的开发人员的反复抱怨。实际上，如果开发人员需要一次访问多个文档，那么保证关系数据库管理系统属性并不容易，因为没有事务。在关系数据库管理系统的世界里，没有事务也意味着复杂的写入需要具有应用级逻辑来回滚。如果开发人员需要更新两个集合中的 3 个文档以标记应用程序级别事务已完成，并且第 3 个文档因任何原因未得到更新，则应用程序将需要撤销前两次的写入，这可能并非完全无关紧要。

设置 MongoDB 时表现很好但是在生产环境中却不能运行它的默认值，这一点也广受诟病。多年来，默认的写行为是 Write and Forget（写后即忘），发送一个写入操作不会在尝试下一次写入之前等待确认，这会导致写入速度疯狂，并且在出现故障时表现不佳。此外，MongoDB 的身份验证默认是禁用的，这导致公共互联网中有成千上万个 MongoDB 数据库成为任何想要读取其中所存储数据者的牺牲品。尽管这些都是有意识的设计决策，但它们却影响了开发人员对 MongoDB 的看法。

"忠言逆耳利于行"，批评并不总是坏事，至少它对于认识 MongoDB 的适用范围来说是有益的。在某些用例中，非关系型、不支持事务的数据库确实不是一个好的选择。对于任何依赖于事务并将 ACID 属性视为高于一切的应用程序来说，它们可能是传统的关系数据库管理系统的一个很好的用例，但对于 NoSQL 数据库来说则不是。

1.4　MongoDB 配置和最佳实践

本节将把深入的原因探究先放一边，直接介绍一些围绕操作、模式设计、持久性、复制、分片和安全性的最佳实践。关于为什么及如何实现这些最佳实践的更多信息，将在本书后面相应的章节中逐一讲解。

1.4.1　操作最佳实践

作为一个在 Web 时代开发的数据库，MongoDB 在开发时就已经具备了这个时代开发人员的观念，因此不需要像传统关系数据库管理系统那样多的操作开销。话虽如此，但它仍需要遵循一些最佳实践才能先行一步并实现高可用性目标。

按重要性排序，MongoDB 操作的最佳实践如下所述。

（1）默认情况下启用 Journaling 日志功能：Journaling 日志功能使用预写日志，以便在 Mongo 服务器突然关闭的情况下进行恢复。使用 MMAPv1 存储引擎时，应始终启用 Journaling 日志功能。使用 WiredTiger 存储引擎，Journaling 日志和检查点功能应一起使用以确保数据持久性。无论如何，使用 Journaling 日志和微调日志的大小和检查点的频率是一种很好的做法，这样可以避免数据丢失的风险。在 MMAPv1 中，默认情况下，Journaling 日志每 100 毫秒冲刷（Flush）一次磁盘。如果 MongoDB 在确认写入操作之前正在等待 Journaling 日志，则 Journaling 日志将每隔 30 毫秒冲刷一次磁盘。

（2）工作集应该容纳在内存中：特别是在使用 MMAPv1 存储引擎时，工作集（Working Set）最好小于底层机器或虚拟机的内存。MMAPv1 使用来自底层操作系统的内存映射文件，如果在 RAM 和磁盘之间没有太多交换，这可以大大受益。另一方面，WiredTiger 在使用内存方面效率更高，因此它也可以从同样的原则中受益匪浅。工作集最大为 db.stats() 报告的数据大小加索引大小。

（3）记住数据文件的位置：可以使用 --dbpath 命令行选项将数据文件安装在任何位置。确保数据文件存储在具有足够磁盘空间的分区中非常重要，最好是 XFS 或至少是 Ext4 格式。

（4）随时更新版本：偶数主编号版本是稳定版本。因此，3.2 是稳定的而 3.3 则不是。在这个例子中，3.3 是开发版本，最终将实现稳定版本 3.4。始终更新到最新的安全更新版本（在本书写作时为 3.4.3 版本）并考虑在下一个稳定版本发布后立即更新（在本示例中为 3.6）是一种很好的做法。

（5）使用 Mongo MMS 以图形方式监控服务：MongoDB Inc. 的免费监控服务是一个很好的工具，使用它可以了解 MongoDB 集群、通知和警报的简况，并积极主动地解决潜在问题。

（6）如果开发人员的指标显示有严重使用的状况，可以考虑进行扩展：实际上，MongoDB 并不会出现真正大量使用的情况。如果 CPU、RAM 等关键指标的使用率 > 65％，或者如果可以发现出现磁盘交换的情况，则它们就应该开始考虑扩展的警报，开发人员可以通过使用更大的计算机进行垂直扩展，也可以通过分片进行水平扩展。

（7）分片时要小心：分片就像是对分片键（Shard Key）的强烈承诺。如果开发人员做出了错误的决定，那么返回可能会非常困难。在设计分片时，架构师需要长时间深入考虑读取和写入中的当前工作负载，以及预期的数据访问模式。

（8）使用 MongoDB 团队维护的应用程序驱动程序：支持这些驱动程序，并且通常比同等程序更快地更新。如果 MongoDB 不支持开发人员当前正在使用的语言，则需要使用 MongoDB 的 JIRA 跟踪系统。

（9）　安排定期备份：无论使用的是独立服务器、副本集还是分片，都应将常规备份策略用作防止数据丢失的二级防护。XFS 是一个很好的文件系统选择，因为它可以执行快照（Snapshot）备份。

（10）应避免手动备份：应尽可能使用定期自动备份。如果需要使用手动备份，则可以使用副本集中的隐藏成员来进行备份。开发人员必须确保在此成员中使用 db.fsyncwithlock 以在此节点上获得最大一致性，同时启用 Journaling 日志功能。如果此卷在亚马逊 Web 服务（Amazon Web Service，AWS）平台上，则可以立即获取弹性块存储（Elastic Block Store，EBS）快照。

（11）启用数据库访问控制：永远不要将数据库放在没有访问控制的生产系统中。访问控制应该在节点级别由适当的防火墙实现，该防火墙仅允许通过使用内置角色或定义自定义的角色来访问特定的应用程序服务器到数据库及数据库级别。必须在启动时使用 --auth 命令行参数初始化并使用 admin 集合进行配置。

（12）使用真实数据测试部署：MongoDB 是一个无模式的面向文档的数据库，这意味着可能拥有包含不同字段的文档。在这种情况下，应使用尽可能接近生产数据的数据进行测试，这比使用关系数据库管理系统更为重要。对于包含意外值的额外字段的文档来说，它可以产生使应用程序平稳运行或在运行时崩溃的差别。因此，开发人员应尝试使用生产级别数据部署阶段（Staging）服务器，或者至少使用适当的库（例如 Faker）伪装生产数据。

1.4.2　模式设计最佳实践

MongoDB 是无模式的，开发人员必须设计集合和索引以适应这一事实。

● 早期和常见索引：使用 MMS、Compass GUI 或早期的日志和索引识别常见查询模式，并在项目开始时使用尽可能多的索引。

● 消除不必要的索引：这与上面的建议感觉好像有一点自相矛盾的味道，其实不然，它指的是监控数据库以更改查询模式并删除未使用的索引。索引将消耗 RAM 和 I/O，因为它需要与数据库中的文档一起存储和更新。使用聚合管道和 $ indexStats，开发人员可以识别很少使用的索引并消除它们。

● 使用复合索引而不是索引交集：使用多个谓词（例如 A and B，C or D and E 等）查询，大多数情况下使用单个复合索引比使用多个简单索引效果更好。此外，复合索引将按字段排序其数据，开发人员可以在查询时使用此优势。字段 A、B、C 的索引将用于查询 A、(A,B)、(A,B,C)，但不用于查询 (B,C) 或 (C)。

- 低选择性索引：例如，对性别字段建立索引时，将在统计上仍然返回一半的文档，而如果对姓氏字段建立索引，则将只返回少数具有相同姓氏的文档。
- 使用正则表达式：同样，由于索引按值排序，因此使用带有前导通配符（即 /.*BASE/）的正则表达式进行搜索将无法使用索引。只要表达式中有足够区分特征的字符，使用尾随通配符（即 /DATA.*/）进行搜索就会很有效。
- 避免在查询中出现否定：索引是索引值，而不是缺少索引值。所以，在查询中使用 NOT 可能导致全表扫描而不是使用索引。
- 使用部分索引：如果开发人员需要索引集合中文档的子集，则部分索引可以帮助实现最小化索引集并提高性能。部分索引将包括开发人员在所需查询中使用的过滤器上的条件。
- 使用文档验证：MongoDB 提供了在插入和更新时验证文档的功能。每个集合都是基于使用 validator 选项来指定验证规则的。该 validator 选项是给文档指定验证规则或表达式。使用文档验证功能可以监控插入文档中的新属性，并决定如何处理它们。
- 使用 MongoDB Compass：这是 MongoDB 的免费可视化工具，它非常适合快速浏览数据及观察它如何随时间增长。
- 最大文档大小为 16 MB：MongoDB 的最大文档大小为 16 MB。这是一个相当宽松的限制，但在任何情况下都不应该违反。允许文档无限制地增长不应该是一种选择，开发人员应该尽可能高效地嵌入文档，并始终牢记这些控制。
- 使用适当的存储引擎：MongoDB 从 3.2 版开始引入了几个新的存储引擎。In-Memory 存储引擎应该用于实时工作负载，而加密存储引擎应该是对数据安全性有严格要求时的首选引擎。

1.4.3　写入持久性的最佳实践

可以在 MongoDB 中对写入持久性进行微调。根据开发人员的应用程序设计，它应该尽可能严格，而不会影响性能目标。

微调数据冲刷（Flush）到磁盘的间隔：在 WiredTiger 存储引擎中，默认设置是在最后一个检查点之后每隔 60 秒或在写入数据达到 2 GB 之后将数据冲刷到磁盘。可以使用 --wiredTigerCheckpointDelaySecs 命令行选项更改此设置。

在 MMAPv1 中，数据文件每隔 60 秒冲刷一次。当然，这也可以使用 --syncDelay 命令行选项更改。

- 采用 WiredTiger 存储引擎时，可以使用 XFS 文件系统实现多磁盘的一致性快照。

- 关闭数据卷中的 atime 和 diratime。
- 请确保有足够的交换空间，通常是内存大小的两倍。
- 如果在虚拟化环境中运行，则可以使用 NOOP 调度程序。
- 将文件描述符限制提高到数万。
- 禁用透明的大页面，启用标准 4K 虚拟机页面。
- 写入安全性应该至少使用 Journaling 日志记录下来。
- SSD 预读默认值应设置为 16 个块，HDD 应为 32 个块。
- 在 BIOS 中关闭 NUMA。
- 使用 RAID 10。
- 使用 NTP 在主机之间同步时间，尤其是在分片环境中。
- 在生产模式中仅使用 64 位应用程序，32 位版本已过时，最多只能支持 2 GB 内存。

1.4.4　复制的最佳实践

副本集（Replica Set）是 MongoDB 在适当条件下提供冗余、高可用性和更高读取吞吐量的机制。MongoDB 中的复制（Replication）很容易配置，并且在操作方面很轻松。

- 始终使用副本集：即使开发人员目前的数据集看起来很小，而且也不希望它以指数方式增长，但是，数据量爆发式增长的情况永远在人们的意料之外。此外，拥有至少 3 台服务器的副本集有助于设计冗余，将实时和分析之间的工作负载（使用辅助服务器）分开，并从第一天开始构建数据冗余。
- 充分利用副本集的优点：副本集不仅适用于数据复制。在大多数情况下，开发人员可以而且应该使用主服务器进行写入，并从其中一个辅助服务器读取首选项以卸载主服务器。这可以通过设置读取首选项及正确的写入关注（Write Concern）来确保写入根据传播需要来完成。
- 在 MongoDB 副本集中使用奇数个副本：如果服务器关闭或与其余服务器（网络分区）断开连接，则其余的服务器必须投票决定哪个副本将被选为主服务器。如果有奇数个副本集成员，则可以保证每个服务器子集都知道它们是属于副本集成员的多数还是少数。如果不能拥有奇数个副本，则开发人员需要将一个额外的主机设置为仲裁者（Arbiter），其唯一目的是在选举过程中进行投票。甚至 EC2 中的微型实例也可以用于此目的。

1.4.5　分片的最佳实践

分片（Sharding）是 MongoDB 的水平扩展解决方案。在本书第 8 章"存储引擎"中，将更详细地介绍如何使用它，以下是基于底层数据架构的一些最佳实践。

- 考虑查询路由：基于不同的分片键和技术，mongos 查询路由器可以将查询引导到分片的部分或全部成员。在设计分片时考虑查询非常重要，这样开发人员就不会在查询时命中所有分片。
- 使用标记感知分片：标记可以跨越分片提供更细粒度的数据分布。对每个分片使用正确的标记集，可以确保数据子集存储在一组特定的分片中，这对于应用程序服务器、MongoDB 分片和用户之间的数据接近非常有用。

1.4.6　安全性的最佳实践

安全性始终是一种多层次的方法，以下提供的若干建议并不构成详尽完备的列表，而只是需要在任何 MongoDB 数据库中完成的基础操作。

- 应禁用 HTTP 状态接口。
- 应禁用 REST API。
- 应禁用 JSON API。
- 使用 SSL 连接到 MongoDB。
- 审计系统活动。
- 使用专用系统用户以适当的系统级访问权限访问 MongoDB。
- 如果不需要，请禁用服务器端脚本。这将影响 MapReduce、内置 db.group() 命令和 $where 操作。如果开发人员的代码库中没有使用它们，则最好在启动时使用 -noscripting 参数禁用服务器端脚本。

1.4.7　AWS 的最佳实践

使用 MongoDB 时，开发人员可以在数据中心使用自己的服务器、使用 MongoDB 托管解决方案（如 MongoDB Atlas），或使用 EC2 从亚马逊（Amazon）获取实例。EC2 实例是虚拟化的，并以透明的方式与同一物理主机中的并置虚拟机共享资源。因此，如果沿着这条路线考虑，开发人员还需要考虑以下因素。

- 使用 EBS 优化的 EC2 实例。
- 获取具有预配置每秒读写操作数（I/O Operation Per Second，IOPS）的 EBS 卷，以实现一致的性能。
- 使用 EBS 快照进行备份和还原。
- 为高可用性使用不同的可用区（Availability Zone），为灾难恢复使用不同的区域（Region）。

AWS 云服务在全球不同的地方都有数据中心,比如北美、南美、欧洲和亚洲等。与此对应,根据地理位置我们把某个地区的基础设施服务集合称为一个区域。通过 AWS 的区域,一方面可以使得 AWS 云服务在地理位置上更加靠近用户,另一方面使得用户可以选择不同的区域存储他们的数据以满足法规遵循方面的要求。AWS 中国(北京)区域是亚马逊 AWS 在亚太地区的第 4 个区域,同时也是全球范围内的第 10 个区域。亚马逊提供的每个区域内的不同可用区可确保我们的数据具有高可用性。不同区域应仅用于灾难恢复,以防灾难性事件发生在整个区域。例如,伦敦市所在的区域是 EU-West-2,而可用区则是该区域内的一个分区,目前伦敦市有两个可用区。

● 全局部署,本地访问。
● 对于来自不同时区的用户的真正全局应用程序,应该让不同区域的应用程序服务器使用每个服务器中的正确读取首选项配置访问最接近它们的数据。

1.5 参 考 资 料

喜欢读书的开发人员总是很棒,能阅读本书当然更棒,但要跟上 MongoDB 最新的发展步伐,唯一的方法还是不断学习。以下提供了开发人员可以获得持续更新和开发 / 操作参考资料的地方。

1.5.1 MongoDB 帮助文档

MongoDB 在线帮助文档可从以下网址获得。
https://docs.mongodb.com/manual/
这是每个 MongoDB 开发人员的新起点。
另外,JIRA 跟踪器是一个了解错误修复和新功能的好地方,网址如下。
https://jira.mongodb.org/browse/SERVER/

1.5.2 进一步阅读

MongoDB 用户组有一个很好的用户问题存档,它列出了有关功能和一些长期存在的错误。当开发人员发现某些东西不能按预期工作时,可以考虑去这里取经。MongoDB 用户组的地址如下。

https://groups.google.com/forum/#!forum/mongodb-user

在线论坛（Stack Overflow、reddit 等）始终是知识的来源，一些可能不再适用的陷阱在这里可能几年前就已经有人发布了。在尝试之前不妨检查一下。

最后，MongoDB 大学是一个让开发人员的技能保持最新并了解最新功能和增加功能的好地方，网址如下。

https://university.mongodb.com/

1.6　小　　结

本章通过介绍 Web、SQL 和 NoSQL 技术的演变历史梳理了它们的发展脉络和当前状态。还阐述了 MongoDB 过去几年如何塑造 NoSQL 数据库的世界，以及它如何与其他 SQL 和 NoSQL 解决方案相抗衡。

本章探讨了 MongoDB 的主要特征，以及 MongoDB 如何在生产部署中使用。明确了设计、部署和运行 MongoDB 的最佳实践。

最后，本章还提供了一些有助于持续学习的文档和在线资源，以帮助开发人员及时了解最新功能和发展。

下一章将深入探讨 MongoDB 的模式设计和数据建模，以及如何使用官方驱动程序连接到 MongoDB，包括使用对象文档映射器（Object Document Mapper，ODM），这是 NoSQL 数据库的对象关系映射器（Object-Relational Mapper）的变体。

第 2 章　模式设计和数据建模

本章将重点介绍MongoDB等无模式数据库的模式设计。这听起来可能有点自相矛盾，但事实上，在开发 MongoDB 时确实应该考虑一些因素。

本章将要讨论的主题包括以下内容。

- NoSQL 模式设计的注意事项
- MongoDB 支持的数据类型
- 不同数据类型之间的比较
- 如何为原子操作建模数据
- 对集合之间的关系建模
    - 一对一
    - 一对多
    - 多对多
- 如何为 MongoDB 中的文本搜索准备数据
- Ruby
    - 如何使用 Ruby mongo 驱动程序进行连接
    - 如何使用 Ruby 最广泛应用的 ODM——Mongoid 进行连接
    - Mongoid 模型继承管理
- Python
- 如何使用 Python mongo 驱动程序进行连接
- 如何使用 Python 的 ODM——PyMODM 进行连接
- PyMODM 模型继承管理
- PHP
    - 使用注解驱动代码的示例代码
    - 如何使用 MongoDB PHP 驱动程序进行连接
    - 如何使用 PHP 的 ODM——Doctrine 进行连接
    - 使用 Doctrine 进行模型继承管理

2.1　关系模式设计

在关系数据库中，开发人员的目标是避免异常和冗余。当将相同的信息存储在多个列中时，可能会发生异常；如果仅更新列中的一个信息但不更新其余部分，则最终会得到同一列信息的冲突信息。当无法删除行而不会丢失需要的信息（可能在其引用的其他行中）时，也会发生异常。当数据不是正常形式但是在不同表中具有重复数据时，可能发生数据冗余，这可能导致数据不一致并且难以维护。

在关系数据库中，开发人员使用常规范式（Forms）来规范化数据。从基本的第一范式（First Normal Form，1NF）开始，到 2NF、3NF 和巴斯科德范式（Boycee Codd Normal Form，BCNF），将数据建模到函数依赖关系中，如果遵循这些规则，则最终会得到比域模型对象（Domain Model Object）更多的表。

在实践中，关系数据库建模通常由开发人员所拥有的数据结构驱动。在遵循某种模型－视图－控制器（Model-View-Controller，MVC）模型模式（Pattern）的 Web 应用程序中，开发人员将根据模型对数据库进行建模，这些模型是按照统一建模语言（Unified Modeling Language，UML）图规范建模的。诸如 Django（一个使用 Python 编写的开放源代码的 Web 应用框架）的 ORM 或 Rails 的 Active Record 之类的抽象可以帮助应用程序开发人员将数据库结构抽象为对象模型。总而言之，开发人员很多时候都是根据可用数据的结构设计数据库。因此，将围绕着可以拥有的答案进行设计。

2.1.1　MongoDB 模式设计

与关系数据库相比，在 MongoDB 中，开发人员必须将自己的建模建立在特定于应用程序的数据访问模式上。找出用户所拥有的问题对于设计实体（Entity）至关重要。与关系数据库管理系统相比，数据复制和非规范化的使用频率更高且有充分理由。

MongoDB 使用的文档模型意味着即使在同一个集合中，每个文档也可以保存比下一个文档更多或更少的信息。再加上嵌入式文档级 MongoDB 中可以进行丰富详细的查询，这意味着开发人员可以按任何自己想要的方式自由设计文档。当我们已经知道自己的数据访问模式时，即可估计哪些字段需要嵌入，哪些字段可以拆分为不同的集合。

读写比率

读写比率（Read-Write Ratio）通常是 MongoDB 建模的重要设计考虑因素。在读取数据时，用户希望避免分散和收集情况，必须使用随机 I/O 请求命中若干个分片以获取应用程序所需的数据。

另一方面，在写入数据时，希望将写入分发到尽可能多的服务器，以避免使其中任何一个服务器过载。这些目标在表面上似乎是冲突的，但是一旦知道了自己的访问模式，就可以将它们结合起来，此外，还可以加上应用程序设计的考虑因素（例如，使用副本集从辅助节点读取）。

2.1.2　数据建模

本节将讨论 MongoDB 所使用的数据类型，它们如何映射到编程语言所使用的数据类型，以及开发人员如何使用 Ruby、Python 和 PHP 在 MongoDB 中建立数据关系模型。

1.　数据类型

MongoDB 使用的格式是 BSON（Binary Serialized Document Format），这是一种类 JSON 文档的二进制编码序列化的格式。BSON 扩展了 JSON 数据类型，例如，它提供了原生的日期和二进制数据类型。

与协议缓冲区相比，BSON 允许以空间效率为代价的更灵活的模式。一般来说，BSON 具有更高的空间效率、易于遍历，并且在编码 / 解码操作中具有更高的时间效率。

BSON 支持的数据类型见表 2.1。

表 2.1　BSON 支持的数据类型

类　　型	对应的数字	别　　名	说　　明
Double	1	double	双精度数值
String	2	string	字符串
Object	3	object	对象
Array	4	array	数组
Binary data	5	binData	二进制数据
ObjectId	7	objectId	对象 Id
Boolean	8	bool	布尔值
Date	9	date	日期
Null	10	null	空值或不存在字段
Regular expression	11	regex	正则表达式
JavaScript	13	javascript	
JavaScript(with scope)	15	javascriptWithScope	

续表

类　　　型	对应的数字	别　　　名	说　　　明
32-bit integer	16	int	32 位整型值
Timestamp	17	timestamp	时间戳
64-bit integer	18	long	64 位长整型
Decimal128	19	decimal	3.4 版本中的新功能
Min key	-1	minKey	
Max key	127	maxKey	
Undefined	6	undefined	已过时
DBPointer	12	dbPointer	已过时
Symbol	14	symbol	已过时

资料来源：MongoDB 文档 https://docs.mongodb.com/manual/reference/bson-types/

在 MongoDB 中，开发人员可以为给定字段提供具有不同值类型的文档，并在使用 \$type 运算符进行查询时区分它们。

例如，如果在英镑（GBP）账户中有 32 位整数和 double 数据类型的 balance（余额）字段，那么无论余额中有多少便士零钱，开发人员都可以使用以下取整查询语句，查询所有账户的舍入余额。

```
db.account.find( { "balance" : { $type : 16 } } );
db.account.find( { "balance" : { $type : "integer" } } );
```

2. 比较不同的数据类型

由于 MongoDB 的性质，在同一个字段中拥有不同的数据类型对象是完全可以接受的。这可能是偶然或故意发生的（即字段中的 null 值和实际值）。

不同类型数据的排序顺序从高到低如下所示。

（1）MaxKey（内部类型）

（2）正则表达式

（3）时间戳

（4）日期

（5）布尔值

（6）ObjectId

（7）BinData

（8）数组

（9）对象

（10）符号，字符串

（11）数字（int、long、double）

（12）空值

（13）MinKey（内部类型）

不存在的字段也将被排序，就好像它们在相应字段中具有空值（null）一样。比较数组则稍微有点复杂。比较的升序（或<）将比较每个数组的最小元素，而比较的降序（或>）将比较每个数组的最大元素。

例如，请参考以下方案。

```
> db.types.find()
{ "_id" : ObjectId("5908d58455454e2de6519c49"), "a" : [ 1, 2, 3 ] }
{ "_id" : ObjectId("5908d59d55454e2de6519c4a"), "a" : [ 2, 5 ] }
```

按升序排列，如下所示。

```
> db.types.find().sort({a:1})
{ "_id" : ObjectId("5908d58455454e2de6519c49"), "a" : [ 1, 2, 3 ] }
{ "_id" : ObjectId("5908d59d55454e2de6519c4a"), "a" : [ 2, 5 ] }
```

而按降序排列则如下所示。

```
> db.types.find().sort({a:-1})
{ "_id" : ObjectId("5908d59d55454e2de6519c4a"), "a" : [ 2, 5 ] }
{ "_id" : ObjectId("5908d58455454e2de6519c49"), "a" : [ 1, 2, 3 ] }
```

将数组与单个数值进行比较时也是如此，如以下示例所示。

插入一个包含整数值为 4 的新文档。

```
> db.types.insert({"a":4})
WriteResult({ "nInserted" : 1 })
```

然后再进行降序排序。

```
> db.types.find().sort({a:-1})
{ "_id" : ObjectId("5908d59d55454e2de6519c4a"), "a" : [ 2, 5 ] }
{ "_id" : ObjectId("5908d73c55454e2de6519c4c"), "a" : 4 }
{ "_id" : ObjectId("5908d58455454e2de6519c49"), "a" : [ 1, 2, 3 ] }
```

升序排序。

```
> db.types.find().sort({a:1})
{ "_id" : ObjectId("5908d58455454e2de6519c49"), "a" : [ 1, 2, 3 ] }
{ "_id" : ObjectId("5908d59d55454e2de6519c4a"), "a" : [ b, 5 ] }
{ "_id" : ObjectId("5908d73c55454e2de6519c4c"), "a" : 4 }
```

在上述示例中，以粗体显示了进行比较的值。

3．Date 类型

Date 类型值被存储为自 1970 年 1 月 1 日（UNIX 纪元时间）以来所经过的以毫秒为单位的数值。这个值是一个 64 位的有符号整数，其允许的值在 1970 年之前和之后的 1.35 亿年范围内。负 Date 值表示 1970 年 1 月 1 日之前的日期，BSON 规范将 Date 类型称为 UTC 日期时间（UTC datetime）。

MongoDB 中的日期以 UTC 格式存储。在某些关系数据库中，没有包含时区的时间戳数据类型，应用程序需要根据本地时间访问和修改时间戳，在这种情况下，应将时区偏移量（Timezone Offset）与日期和偏移日期一起存储在应用程序级别。

在 MongoDB shell 中，可以使用 JavaScript 以如下方式完成该操作。

```
var now = new Date();
db.page_views.save({date: now,
                    offset: now.getTimezoneOffset()});
```

然后应用已保存的偏移量来重建原始本地时间：

```
var record = db.page_views.findOne();
var localNow = new Date( record.date.getTime() - ( record.offset *
60000 ));
```

4．ObjectId

ObjectId 是 MongoDB 的特殊数据类型。每个文档从始至终都会有一个 _id 字段。它是集合中每个文档的主键（Primary Key），必须是唯一的。如果在创建文档的语句中省略了该字段，那么它将自动分配一个 ObjectId。

不建议开发人员手动干预 ObjectId 的分配，但是开发人员也可以（谨慎使用）将它用于某些目的。

ObjectId 的特点如下。

● 12 字节。

● 有序的，按 _id 排序，并且将按每个文档的创建时间排序。

● 存储了创建时间，可以通过 shell 中的 .getTimeStamp() 访问。

ObjectId 的结构如下。

- 一个 4 字节的值，表示自 1970 年 1 月 1 日（UNIX 纪元时间）以来经过的秒数。
- 一个 3 字节的机器标识符。
- 一个 2 字节的进程 ID。
- 一个 3 字节的计数器，以随机值开始。

ObjectId 的结构如图 2.1 所示。

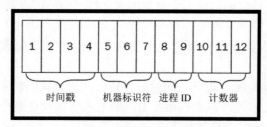

图 2.1　ObjectId 的结构

根据 ObjectId 的结构可知，ObjectId 对于所有目的都是唯一的，但是，由于这些是在客户端生成的，因此应检查底层库的源代码，以验证其实现是否符合规范。

2.1.3　为原子操作建模数据

MongoDB 正在放松关系数据库管理系统中的许多典型原子性、一致性、隔离性、持久性（Atomicity、Consistency、Isolation、Durability，ACID）约束。在没有事务（Transaction）的情况下，在整个操作过程中保持状态一致可能会很麻烦，尤其是在出现故障时。

幸运的是，某些操作在文档级别是原子操作，如下所示。

- update()
- findandmodify()
- remove()

对于单个文档来说，这些操作都是原子操作（Atomic Operation）。所谓原子操作是指不会被线程调度机制打断的操作；这种操作一旦开始，就一直运行到结束，中间不会切换到另一个线程。

这意味着：如果开发人员在同一文档中嵌入信息，则可以确保它们始终保持同步。

这里有一个典型的示例是库存应用程序。在该应用程序中，已知库存中每件商品都有一个文档，开发人员需要知道剩余的可售商品总数、已同步放置在购物车中的数量及汇总的可售商品的总数。

假设汇总的可售商品的总数为 5（total_available = 5），剩余的可售商品总数为 3（available_now = 3），已同步放置在购物车中的数量为 2（shopping_cart_count = 2），则该计算可能如下所示。

```
{available_now : 3, Shopping_cart_by: ["userA", "userB"] }
```

当有人将商品放入他 / 她的购物车时，开发人员可以发出原子更新，在 shopping_cart_by 字段中添加他 / 她的 userId，同时将 available_now 字段减少 1。

此操作将在文档级别保证原子化。如果开发人员需要更新同一集合中的多个文档，则该更新可能会更新某些文档，但不会更新所有文档并仍然可以遍历。

在某些情况下，这种模式可能会有所帮助，但遗憾的是，并非所有情况下都是如此。在许多情况下，开发人员需要在文档甚至集合中应用全部更新或全部不更新（All-Or-Nothing）。

一个典型的例子就是两个账户之间的银行转账。假设我们想从用户 A 账户上减去 x 元人民币，然后将 x 元人民币添加到用户 B。如果未能执行这两个步骤中的任何一个，则我们都应该返回两个余额的原始状态。

对于这种模式的细节讨论超出了本书的范围，但粗略地说，这个想法是实现手工编码的两阶段提交协议。此协议应为每个传输创建一个新的事务条目，其中包含此事务中的每个可能状态，如初始、挂起、应用、完成、正在取消和已经取消，并根据每个事务处于的状态，应用适当的回滚（Rollback）函数。

如果开发人员发现自己绝对需要实现事务，而使用的数据库却是为避免事务而构建的，那么请退后一步并重新考虑当初为什么要这样做……

1. 写隔离

开发人员可以谨慎地使用 $isolated 来隔离从其他 Writer 或 Reader 到这些文档的多个文档的写入。在前面的示例中，可以使用 $isolated 来更新多个文档，并确保更新两个余额，而在此之前任何人都不能有机会从其源账户中提取资金。

当然，这样的写隔离带来的也不是原子操作（即，要么全部更新要么全部不更新的方法）。因此，如果更新仅部分修改了两个账户，那么开发人员仍然需要检测并解除在挂起状态下所做的任何修改。

$isolated 使用的是整个集合中的独占锁，而无论使用何种存储引擎。这意味着，在使用它时会造成严重的速度损失，特别是对于 WiredTiger 的文档级锁语义而言更是如此。

$isolated 不适用于分片集群，所以，当开发人员决定从副本集转到分片部署时，这可能是一个问题。

2. 读取隔离和一致性

MongoDB 读取操作将在传统的关系数据库管理系统定义中表示为未提交的读取操作（Read Uncommitted）。这意味着默认情况下，读取可能会获得在事件中最终可能无法持久保存到磁盘的值，例如，数据丢失或副本集回滚操作。

特别是，在使用默认写入行为更新多个文档时，缺少隔离可能会导致以下结果。

- 读取可能会遗漏在更新操作期间更新的文档。
- 非可序列化操作。
- 读操作不是时间点（Point-In-Time）行为。

这些可以通过使用 $isolated 运算符来解决，但是性能损失会很大。

通过不使用 .snapshot() 的游标的查询在某些情况下也可能会得到不一致的结果。如果查询的结果游标提取文档，则此文档会在查询仍在获取结果时接收更新，并且由于填充不足，最终会在查询结果游标位置之前的磁盘上的不同物理位置结束。.snapshot() 是此边际情况的解决方案，它具有以下限制。

- 它不适用于分片。
- 它不适用于 sort() 或 hint() 来强制使用索引。
- 它仍然不会提供时间点读取行为。

如果开发人员的集合主要是静态数据，则可以在查询字段中使用唯一索引来模拟 snapshot()，并且仍然可以对它应用 sort()。

总而言之，开发人员需要在应用程序级别应用安全保护机制，以确保读写操作不会得到意外的结果。

从版本 3.4 开始，MongoDB 提供了可线性化的读取关注（Read Concern）。采用来自副本集的主要成员的线性化读取关注和多数写入关注（Write Concern），开发人员可以确保多个线程能够读取和写入单个文档，就像单个线程一个接一个地执行这些操作一样。这被认为是关系数据库管理系统中的可线性化调度（Linearizable Schedule），而 MongoDB 则将其称为实时顺序（Real Time Order）。

2.1.4　关系建模

在以下小节中，将详细解释如何将关系数据库管理系统理论中的关系转换为 MongoDB 的文档集合层次结构（Document-Collection Hierarchy）。本节还将讨论如何在 MongoDB 中为文本搜索建模数据。

1．一对一

"一对一"的概念来自关系数据库世界，通过对象的关系来识别对象。一对一的关系举例可以是具有某个地址的人。在关系数据库中对其进行建模很可能需要两个表：一个表是关于人的，即 Person 表；另外一个表是关于地址的，即 Address 表。在 Address 表中有一个外键（Foreign Key）person_id 指向 Person 表，如图 2.2 所示。

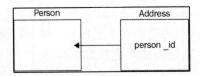

图 2.2　关系数据库中的"一对一"概念示例

MongoDB 中的完美类比应该是两个集合 Person 和 Address，如下所示。

```
> db.Person.findOne()
{
"_id" : ObjectId("590a530e3e37d79acac26a41"), "name" : "alex"
}
> db.Address.findOne()
{
"_id" : ObjectId("590a537f3e37d79acac26a42"),
"person_id" : ObjectId("590a530e3e37d79acac26a41"),
"address" : "N29DD"
}
```

现在可以使用与关系数据库中相同的模式来查找来自某个地址的人。

```
> db.Person.find({"_id":
db.Address.findOne({"address":"N29DD"}).person_id})
{
"_id" : ObjectId("590a530e3e37d79acac26a41"), "name" : "alex"
}
```

这种模式可以说是众所周知的，并且在关系数据库世界中是有效的。

在 MongoDB 中，开发人员则不必遵循这种模式，因为 MongoDB 有更合适的方法来对这种关系建模。

在 MongoDB 中，对这种一对一（One-One）或一对很少（One-Few）关系建模的方式是嵌入（Embedding）。例如，如果某人有两个地址，则会出现以下类似的示例。

```
{ "_id" : ObjectId("590a55863e37d79acac26a43"), "name" : "alex",
"address"
: [ "N29DD", "SW1E5ND" ] }
```

使用嵌入式数组，开发人员可以访问该用户所拥有的每个地址。嵌入查询丰富而灵活，因此可以在每个文档中存储更多的信息。

```
{ "_id" : ObjectId("590a56743e37d79acac26a44"),
"name" : "alex",
```

```
"address" : [ { "description" : "home", "postcode" : "N29DD" },
{ "description" : "work", "postcode" : "SW1E5ND" } ] }
```

这种方法的优点如下。

- 不需要跨不同集合的两个查询。
- 可以利用原子更新来确保从本文档的其他 Reader 的角度来看文档中的更新是全部都更新还是全部都不更新。
- 可以在多个嵌套级别中嵌入属性，从而创建复杂的结构。

最显著的缺点是文档最大的大小为 16 MB，因此这种方法不能用于任意、不断增长的属性。此外，在嵌入式数组中存储数百个元素也会降低性能。

2. 一对多，多对多

当一对多（One-Many）关系的"多"这一端的元素数量无限增长时，最好使用引用（Reference）而不是嵌入。

引用有两种形式：

从一对多关系的"一"这一端，存储一个"多"端元素的数组。

```
> db.Person.findOne()
{ "_id" : ObjectId("590a530e3e37d79acac26a41"), "name" : "alex",
addresses:
[ ObjectID('590a56743e37d79acac26a44'),
ObjectID('590a56743e37d79acac26a46'),
ObjectID('590a56743e37d79acac26a54') ] }
```

通过这种方式，开发人员可以从"一"这一端获取地址数组，然后使用 in 来查询来自"多"端的所有文档。

```
> person = db.Person.findOne({"name":"mary"})
> addresses = db.Addresses.find({_id: {$in: person.addresses} })
```

将此"一对多"转为多对多（Many-Many）也很简单，只要将该数组存储在关系的两端（Person 和 Address 集合）就可以了。

从关系的"多"这一端，可以将引用存储到"一"这一端。

```
> db.Address.find()
{ "_id" : ObjectId("590a55863e37d79acac26a44"), "person":
ObjectId("590a530e3e37d79acac26a41"), "address" : [ N29DD ] }
{ "_id" : ObjectId("590a55863e37d79acac26a46"), "person":
ObjectId("590a530e3e37d79acac26a41"), "address" : [ "SW1E5ND" ] }
{ "_id" : ObjectId("590a55863e37d79acac26a54"), "person":
```

```
ObjectId("590a530e3e37d79acac26a41"), "address" : [ "N225QG" ] }
> person = db.Person.findOne({"name":"alex"})
> addresses = db.Addresses.find({"person": person._id})
```

由此可以看到，对于这两种设计，开发人员需要对数据库进行两次查询以获取信息。第二种方法的优点是它不会让任何文档无限制地增长，因此它可以适用的"一对多"情况是一对一百万（One-Millions）。

除了上面介绍的"一对很少"（包括"一对一"）、"一对多"关系之外，还有一种关系是一对非常多（One-Squillions）。

关系建模的一般决策如下：

● "一对很少"且不需要单独访问内嵌内容的情况下，可以使用嵌入式建模。
● "一对多"而且"多"这一端的内容因为各种理由需要单独存在的情况下，可以通过数组的方式引用"多"这一端。
● 在"一对非常多"的情况下，可以将"一"这一端的引用嵌入到"多"端的对象中。

3. 为关键字搜索建模数据

在文档中搜索关键字是许多应用程序的常见操作。如果这是一个核心操作，那么为搜索（例如 Elasticsearch）使用专门的存储是有意义的。当然，MongoDB 可以有效地使用搜索，直到规模大到要求移动到另一个解决方案。

关键字搜索的基本需求是能够在整个文档中搜索关键字。例如，可以使用 product 集合中的文档。

```
{ name : "Macbook Pro late 2016 15in" ,
   manufacturer : "Apple" ,
   price: 2000 ,
   keywords : [ "Macbook Pro late 2016 15in", "2000", "Apple",
"macbook", "laptop", "computer" ]
}
```

可以在 keywords 字段中创建一个多键索引。

```
> db.products.createIndex({keywords:1})
```

现在，开发人员可以在 keywords 字段中搜索任何 name（产品名称）、manufacturer（制造商）、price（价格）字段，以及设置的任何自定义关键字。这不是一种有效或灵活的方法，因为它需要保持关键字列表同步，不能使用词干提取，并且不能对结果进行排名（它更像过滤而不是搜索），唯一的好处是实现的时间。

从版本 2.4 开始，MongoDB 有一个特殊的文本索引类型。这可以在一个或多个字段

中声明，并支持词干提取（Stemming）、分词（Tokenization）、精确短语（""）、否定（−）
和加权结果等。

以下是具有自定义权重的 3 个字段的索引声明。

```
db.products.createIndex({
    name: "text",
    manufacturer: "text",
    price: "text"
    },
{
    weights: { name: 10,
        manufacturer: 5,
        price: 1 },
        name: "ProductIndex"
})
```

在这个例子中，name 的权重是 price 的 10 倍，是 manufacturer 的 2 倍。

也可以使用通配符声明文本索引，匹配与模式匹配的所有字段。

```
db.collection.createIndex( { "$**": "text" } )
```

当我们有非结构化数据时，这可能很有用。我们可能并不知道它们将带来的所有字段。
可以按名称删除索引，就像使用任何其他索引一样。

当然，对于 MongoDB 来说，除了所有功能之外，它的最大的优点是所有记录保持
都由数据库完成。

2.1.5　连接到 MongoDB

有两种方法可以连接到 MongoDB。第一种方法是使用适用于编程语言的驱动程序，
第二种方法是使用 ODM 层以透明的方式将模型对象映射到 MongoDB 中。本节将介绍在
使用 3 种最流行的语言（Ruby、Python 和 PHP）进行 Web 应用程序开发的情况下，连接
到 MongoDB 的两种方式。

1. 使用 Ruby 连接

Ruby 是 MongoDB 提供了官方驱动程序支持的首批编程语言之一。GitHub 上的官方
mongo-ruby-driver 驱动程序是连接 MongoDB 实例的推荐方法。

Ruby 安装非常简单，只要将它添加到 Gemfile 即可。

```
gem 'mongo', '~> 3.4'
```

ⓘ 开发人员需要安装 Ruby，然后从 https://rvm.io/rvm/install 安装 RVM，最后运行 gem install bundler。

然后可以按以下方式连接到数据库。

```
require 'mongo'
client = Mongo::Client.new([ '127.0.0.1:27017' ], database: 'test')
```

这是最简单的示例，它可以连接到开发人员的 localhost 中名为 test 的单个数据库实例。在大多数用例中，开发人员至少会有一个要连接的副本集，如下面的代码片段所示。

```
client host = ['server1 hostname:server1 ip, server2 hostname:server2_
ip']
  client_options = {
        database: 'YOUR DATABASE NAME',
        replica set: 'REPLICA SET NAME',
        user: 'YOUR USERNAME',
        password: 'YOUR PASSWORD'
}
client = Mongo::Client.new(client host, client options)
```

client_host 服务器将为客户端驱动程序提供服务器以尝试连接。连接后，驱动程序将根据主要 / 次要读取或写入配置确定必须连接的服务器。

replica_set 属性需要与副本集名称匹配才能进行连接。

这里的 user 和 password 都是可选的，但强烈建议在任何 MongoDB 实例中使用。默认情况下，在 mongod.conf 文件中启用身份验证是一种很好的做法，本书第 7 章"监控、备份和安全性"中对此有详细介绍。

连接到分片集群类似于副本集，唯一的区别是，开发人员需要连接到 mongos 进程 mongo 路由器，而不是提供服务器主机 / 端口。

2．Mongoid ODM

使用低级驱动程序连接到 MongoDB 数据库通常不是最有效的途径。低级驱动程序提供的所有灵活性抵消了更长的开发时间，其代码可以将开发人员的模型与数据库更紧密地结合在一起。

对象文档映射器（Object Document Mapper，ODM）可以解决这些问题。就像对象关系映射器（Object Relational Mapper，ORM）一样，ODM 弥合了模型和数据库之间的差距。在 Rails 中，广泛应用的 Ruby 的 MVC 框架（Mongoid），可用于以与 Active Record 类似的方式对数据进行建模。

安装 gem 的方法和安装 Mongo Ruby 驱动程序的方法类似，只要在 Gemfile 中添加单个文件就可以了，如下所示。

```
gem'mongoid','~> 6.1.0'
```

根据 Rails 的版本，可能还需要将以下内容添加到 application.rb 中。

```
config.generators do |g|
g.orm :mongoid
end
```

通过配置文件 mongoid.yml 即可连接到数据库。配置选项作为键 - 值对传递，带有语义缩进。其结构类似于用于关系数据库的 database.yml。

可以通过 mongoid.yml 文件传递的部分选项见表 2.2。

表 2.2　可以通过 mongoid.yml 文件传递的部分选项

选　项　值	说　　　明
Database	数据库名称
Hosts	数据库主机
Write / w	写入关注（默认为 1）
Auth_mech	身份验证机制。有效选项为 :scram、:mongodb_cr、:mongodb_x509 和 :plain。3.0 版本的默认选项是 :scram，而 2.4 和 2.6 版本的默认选项是 :plain
Auth_source	身份验证机制的身份验证源
Min_pool_size / max_pool_size	连接的最小池和最大池的大小
SSL / ssl_cert / ssl_key / ssl_key_pass_phrase / ssl_verify	有关与数据库的 SSL 连接的一组选项
Include_root_in_json	在 JSON 序列化中包含根模型名称
Include_type_for_serialization	在序列化 MongoDB 对象时包含 _type 字段
Use_activesupport_time_zone	在转换服务器和客户端之间的时间戳时使用 activesupport 的时区

下一步是修改模型以存储在 MongoDB 中。这同样非常简单，只要在模型声明中包含一行代码就可以了。

```
class Person
    include Mongoid::Document
End
```

也可以使用以下语句。

```
include Mongoid :: Timestamps
```

可以使用它生成 created_at 和 updated_at 字段（与 Active Record 的方式类似）。在我们的模型中，虽然数据字段不强求按类型声明，但如果能按类型声明则是一个很好的做法。支持的数据类型包括：

- Array
- BigDecimal
- Boolean
- Date
- DateTime
- Float
- Hash
- Integer
- BSON::ObjectId
- BSON::Binary
- Range
- Regexp
- String
- Symbol
- Time
- TimeWithZone

如果未定义字段类型，则字段将被强制转换为对象并存储在数据库中。这样会稍微快一点，但并不支持所有类型。如果开发人员尝试使用 BigDecimal、Date、DateTime 或 Range，则将返回错误。

3. 使用 Mongoid 模型继承

以下是一个使用 Mongoid 模型的继承示例。

```
class Canvas
    include Mongoid::Document
    field :name, type: String
    embeds_many :shapes
end

class Shape
    include Mongoid::Document
    field :x, type: Integer
    field :y, type: Integer
    embedded_in :canvas
```

```
end

class Circle < Shape
    field :radius, type: Float
end

class Rectangle < Shape
    field :width, type: Float
    field :height, type: Float
end
```

现在有了一个 Canvas 类，其中嵌入了许多 Shape 对象。Mongoid 将自动创建一个字段 _type 来区分父节点和子节点字段。在文档从其字段继承的情况下，关系、验证和范围都将被复制到其子文档中，但反之则不然。

embeds_many 和 embedded_in 对将创建嵌入的子文档来存储关系。如果开发人员想要通过引用 ObjectId 来存储它们，则可以通过使用 has_many 和 belongs_to 替换它们来达成该目标。

本书将在第 3 章中介绍有关 CRUD 操作的更多示例。

2.1.6　使用 Python 连接

Ruby 和 Rails 的强有力竞争者是使用 Django 的 Python。在 Python 中有与 Mongoid 类似的 MongoEngine 和官方 MongoDB 低级驱动程序 PyMongo。

可以使用 pip 或 easy_install 来安装 PyMongo。

```
python -m pip install pymongo
python -m easy_install pymongo
```

然后在类中可以按以下方式连接到数据库。

```
>>> from pymongo import MongoClient
>>> client = MongoClient()
```

连接到副本集需要一组种子服务器，以便客户端找出集合中的主节点、辅助节点或仲裁节点是什么。

```
client =
pymongo.MongoClient('mongodb://user:passwd@node1:p1,node2:p2/?replicaS
et=rs name')
```

使用连接字符串 URL，开发人员可以在一个字符串中传递用户名/密码和 replicaSet 名称。连接字符串 URL 的一些最有趣的选项将在下一节中介绍。

连接到分片需要服务器主机和 mongo 路由器的 IP，也就是 mongos 进程。

1. PyMODM ODM

和 Ruby 的 Mongoid 一样，PyMODM 是 Python 的 ODM，紧跟 Django 的内置 ORM，可以通过 pip 来安装它。

```
pip install pymodm
```

然后，需要编辑 settings.py 并用虚拟数据库替换数据库引擎。

```
DATABASES = {
    'default': {
        'ENGINE': 'django.db.backends.dummy'
    }
}
```

最后，在 settings.py 中的任意位置添加连接字符串。

```
from pymodm import connect
connect("mongodb://localhost:27017/myDatabase", alias="MyApplication")
```

这里必须使用具有以下结构的连接字符串。

```
MongoDB://[用户名:密码@]主机 1[:端口 1] [,主机 2 [:端口 2),... [,主机 N [:端口 N]]] [/[数据库] [?选项]
```

选项必须是 name=value 对，并且使用 & amp;连接。表 2.3 列出了一些比较有意思的对。

表 2.3　连接字符串中选项的名值对

名　　　称	说　　　明
minPoolSize / maxPoolSize	连接的最小池和最大池大小
w	写入关注选项
wtimeoutMS	写入关注操作的超时
Journal	Journaling 日志选项
readPreference	用于副本集的读取首选项。可用选项包括： primary primaryPreferred secondary secondaryPreferred nearest
maxStalenessSeconds	指定在客户端停止使用辅助节点进行读取操作之前，辅助节点的陈旧（即其数据滞后于主节点）的时间（以秒为单位）
SSL	使用 SSL 连接到数据库

续表

名　称	说　明
authSource	与用户名一起使用，指定与用户凭据关联的数据库。当使用外部认证机制时，这对于 LDAP 或 Kerberos 来说应该是 $external
authMechanism	• 可用于连接的认证机制。MongoDB 的可用选项包括： 　◦ SCRAM-SHA-1 　◦ MONGODB-CR 　◦ MONGODB-X509 • MongoDB Enterprise（付费版）提供了以下两个额外的选项： 　◦ GSSAPI（Kerberos） 　◦ PLAIN（LDAP SASL）

模型类需要从 MongoModel 继承，示例类将如下所示。

```
from pymodm import MongoModel, fields
class User(MongoModel):
    email = fields.EmailField(primary_key=True)
    first_name = fields.CharField()
    last_name = fields.CharField()
```

在上面的示例中，有一个 User 类，其中包含 first_name、last_name 和 email 字段，其中 email 是主字段。

2. 使用 PyMODM 模型继承

可以使用引用或嵌入来处理 MongoDB 中的一对一和一对多关系。以下示例显示了两种方式：对模型用户使用的是引用，而对 comment 模型使用的则是嵌入。

```
from pymodm import EmbeddedMongoModel, MongoModel, fields

class Comment(EmbeddedMongoModel):
    author = fields.ReferenceField(User)
    content = fields.CharField()

class Post(MongoModel):
    title = fields.CharField()
    author = fields.ReferenceField(User)
    revised_on = fields.DateTimeField()
    content = fields.CharField()
    comments = fields.EmbeddedDocumentListField(Comment)
```

与 Ruby 的 Mongoid 类似，开发人员可以将关系建模定义为嵌入或引用，具体使用哪一种可参考前文所介绍的关系建模的一般决策。

2.1.7　使用 PHP 连接

两年前，MongoDB PHP 驱动程序从头开始重写，以支持 PHP 5、PHP 7 和 HipHop
虚拟机（HipHop Virtual Machine，HHVM）架构。当前架构如图 2.3 所示。

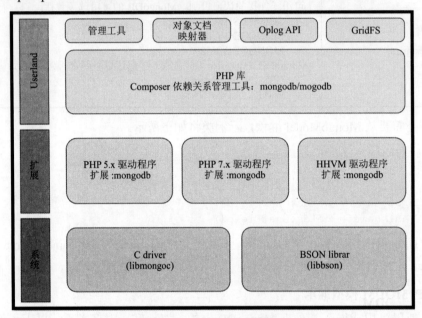

图 2.3　当前架构示意图

目前，所有 3 种架构都有官方驱动程序，并完全支持底层功能。

安装过程分为两个步骤。首先，需要安装 MongoDB 扩展。此扩展依赖于开发人员
已安装的 PHP（或 HHVM）的版本，可以使用 Mac 系统中的 brew 来完成。例如，使用
以下命令即可安装 PHP 7.0。

```
brew install php70-mongodb
```

然后，按以下方式使用 Composer（一种广泛使用的 PHP 依赖关系管理工具）。

```
composer require mongodb/mongodb
```

接下来，可以使用连接字符串 URI 或传递选项数组来连接到数据库。

连接字符串 URI 的使用方法如下。

```
$client = new MongoDB\Client($uri ='mongodb://127.0.0.1/',array
$uriOptions = [],array $driverOptions = [])
```

例如，可以使用 SSL 身份验证连接到副本集。

```
$client = new
MongoDB\Client('mongodb://myUsername:myPassword@rs1.example.com,
rs2.example.com/?ssl=true&amp;replicaSet=myReplicaSet&amp;
authSource=admin');
```

或者，也可以使用 $uriOptions 参数传递参数而不使用连接字符串 URL，具体使用方法如下所示。

```
$client = new MongoDB\Client(
    'mongodb://rs1.example.com,rs2.example.com/'
    [
        'username' => 'myUsername',
        'password' => 'myPassword',
        'ssl' => true,
        'replicaSet' => 'myReplicaSet',
        'authSource' => 'admin',
    ],
);
```

可用的 $uriOptions 选项和连接字符串 URL 选项类似于用于 Ruby 和 Python 语言的选项，不再赘述。

1. Doctrine ODM

Laravel 是用于 PHP 的应用最为广泛的 MVC 框架之一，在架构上类似于 Python 中使用的 Django，也类似于 Ruby 中的 Rails。开发人员可以使用一堆 Laravel、Doctrine 和 MongoDB 来配置自己的模型。本节假定已安装 Doctrine 并与 Laravel 5.x 一起使用。

Doctrine 实体是简单正规 PHP 对象（Plain Old PHP Objects，POPO），与 Eloquent 不同，Laravel 的默认 ORM 不需要继承 Model 类。另外需要注意的是，Doctrine 使用的是数据映射器（Data Mapper）模式，而 Eloquent 使用的是 Active Record。跳过 get() 和 set() 方法，一个简单的类看起来如下所示。

```
use Doctrine\ORM\Mapping AS ORM;
use Doctrine\Common\Collections\ArrayCollection;
/**
* @ORM\Entity
* @ORM\Table(name="scientist")
*/
class Scientist
{
```

```
    /**
     * @ORM\Id
     * @ORM\GeneratedValue
     * @ORM\Column(type="integer")
     */
    protected $id;
    /**
     * @ORM\Column(type="string")
     */
    protected $firstname;
    /**
     * @ORM\Column(type="string")
     */
    protected $lastname;
    /**
     * @ORM\OneToMany(targetEntity="Theory", mappedBy="scientist",
cascade={"persist"})
     * @var ArrayCollection|Theory[]
     */
    protected $theories;
    /**
     * @param $firstname
     * @param $lastname
     */
    public function construct($firstname, $lastname)
    {
        $this->firstname = $firstname;
        $this->lastname = $lastname;
        $this->theories = new ArrayCollection;
    }
...
    public function addTheory(Theory $theory)
    {
        if(!$this->theories->contains($theory)) {
            $theory->setScientist($this);
            $this->theories->add($theory);
        }
    }
}
```

　　这个基于 POPO 的模型使用了注解（Annotation）来定义需要在 MongoDB 中持久保存的字段类型。例如，@ORM\Column(type="string") 在 MongoDB 中定义了一个字段，在相应的行中，字符串类型的 firstname 和 lastname 均为属性名称。

以下地址提供了完整的注解说明：

http://doctrine-orm.readthedocs.io/en/latest/reference/annotations-reference.html。

如果想要将 POPO 结构与注解分开，则可以使用 YAML 或 XML 来定义它们，而不必在 POPO 模型类中使用注解来内联它们。

2. 使用 Doctrine 继承

可以通过注解、YAML 或 XML 来建立一对一和一对多的关系模型。使用注解方法时，可以在文档中定义多个嵌入式子文档。

```
/** @Document */
class User
{
    // ...
    /** @EmbedMany(targetDocument="Phonenumber") */
    private $phonenumbers = array();
    // ...
}
/** @EmbeddedDocument */
class Phonenumber
{
    // ...
}
```

这里的 User 文档嵌入了许多 PhoneNumbers.@EmbedOne()，它将嵌入一个子文档，用于建模一对一关系。

引用方法和嵌入方法类似，如下所示。

```
/** @Document */
class User
{
    // ...
    /**
     * @ReferenceMany(targetDocument="Account")
     */
    private $accounts = array();
    // ...
}
/** @Document */
class Account
{
    // ...
}
```

在上面的示例中，@ReferenceMany() 和 @ReferenceOne() 分别用于通过引用到单独的集合来建模一对多和一对一的关系。

2.2　小　　结

本章详细介绍了关系数据库和 MongoDB 的模式设计，以及如何从不同的起点（编程语言）实现相同的目标。

在 MongoDB 中，开发人员必须考虑读 / 写比率、用户在最常见的情况下会遇到的问题，以及关系中的基数等。

本章介绍了有关原子操作及构建查询的方式等知识，以便开发人员可以拥有 ACID 属性而不会产生事务开销。

本章还介绍了 MongoDB 数据类型，它们的比、较方式，以及一些特殊的数据类型，例如可以由数据库使用的 ObjectId。

从简单的一对一关系建模开始，本章详细阐述了一对多和多对多等关系建模的方法，并且不需要像关系数据库那样使用中间表，只需要使用引用或嵌入文档。

本章解释了如何为关键字搜索建模数据，这是大多数应用程序在 Web 环境中需要支持的功能之一。

最后，本章还讨论了使用 MongoDB 和 3 种最流行的 Web 编程语言的不同用例。其中包括：使用 Ruby 与官方驱动程序和 Mongoid ODM 的示例，使用 Python 与官方驱动程序和 PyMODM ODM 进行连接的示例，以及使用 PHP 与官方驱动程序和 Doctrine ODM 一起工作的示例等。

使用所有这些语言（当然还有更多的其他语言），既有官方驱动程序为底层数据库操作提供支持和完全访问功能，也有对象数据建模（Object Data Modeling，ODM）框架，即可实现轻松的数据建模和快速开发。

第 3 章将深入研究 MongoDB shell，以及开发人员可以使用它实现的操作。此外，还将介绍在文档中使用 CRUD 操作的驱动程序。

第 3 章　MongoDB CRUD 操作

本章将学习如何使用 mongo shell 进行数据库管理操作。从简单的创建、读取、更新、删除（Create、Read、Update、Delete，CRUD）操作开始，本章将介绍如何通过 shell 掌握脚本。此外还将介绍如何通过 shell 编写 MapReduce 脚本并将它们与聚合框架进行对比。有关聚合框架的内容将在本书第 5 章"聚合"中深入探讨。最后，还将使用 MongoDB 社区版（MongoDB Community）和相应的付费版本 MongoDB 企业版（MongoDB Enterprise Edition）来讨论身份验证和授权功能。

本章将要讨论的主题包括以下内容。

- 使用 mongo shell 脚本
- 数据库管理命令
- MapReduce
- 保护 shell 的安全
- 使用 MongoDB 进行身份验证

3.1　使用 shell 执行 CRUD 操作

mongo shell 相当于关系数据库使用的管理控制台。连接到 mongo shell 非常简单，只要输入以下内容即可。

```
$ mongo
```

在独立服务器或副本集的命令行上键入它。在 shell 中，只要输入以下内容即可查看可用的数据库。

```
$ db
```

键入以下内容即可连接到数据库。

```
> use <database_name>
```

mongo shell 可用于查询和更新数据库中的数据。例如，要从名为 books 的集合中查找文档，其命令如下。

```
> db.books.find()
{ "_id" : ObjectId("592033f6141daf984112d07c"), "title" : "mastering
mongoDB", "isbn" : "101" }
```

要将此文档插入 books 集合中，则其命令如下。

```
> db.books.insert({title: 'mastering mongoDB', isbn: '101'})
WriteResult({ "nInserted" : 1 })
```

从 MongoDB 返回的结果将告诉开发人员写入成功并在数据库中插入了一个新文档。要删除此文档，可以使用以下命令。

```
> db.books.remove({isbn: '101'})
WriteResult({ "nRemoved" : 1 })
```

要更新文档，可以使用以下命令。

```
> db.books.update({isbn:'101'}, {price: 30})
WriteResult({ "nMatched" : 1, "nUpserted" : 0, "nModified" : 1 })
> db.books.find()
{ "_id" : ObjectId("592034c7141daf984112d07d"), "price" : 30 }
```

在此需要注意以下事项。

● 首先，update 命令中类似 JSON 的格式化字段是查询字段，update 命令将使用它来搜索要更新的文档。

● WriteResult 对象通知用户，该查询匹配了一个文档并通知该文档。

● 最重要的是，该文档的内容完全被第二个类似 JSON 的格式化字段的内容所取代。丢失了 title 和 isbn 的信息！

默认情况下，MongoDB 中的 update 命令将使用在第二个参数中指定的文档替换文档的内容。如果想要更新文档并向其添加新字段，则需要使用 $set 操作符，其命令如下所示。

```
> db.books.update({isbn:'101'}, {$set: {price: 30}})
WriteResult({ "nMatched" : 1, "nUpserted" : 0, "nModified" : 1 })
```

现在的文档才是符合预期的。

```
> db.books.find()
{ "_id" : ObjectId("592035f6141daf984112d07f"), "title" : "mastering
mongoDB", "isbn" : "101", "price" : 30 }
```

虽然删除文档可以通过多种方式完成，但最简单的方法仍然是使用其唯一的 ObjectId，具体如下所示。

```
> db.books.remove("592035f6141daf984112d07f")
WriteResult({ "nRemoved" : 1 })
> db.books.find()
>
```

可以看到，当 find() 没有结果时，mongo shell 将不会返回除 shell 提示符（>）以外的任何内容。

3.1.1　使用 mongo shell 脚本

使用内置命令对管理数据库很有帮助，但这还不是使用 shell 的主要原因。mongo shell 的真正强大之处在于它是一个 JavaScript shell。

开发人员可以在 shell 中声明和赋值变量，如下所示。

```
> var title = 'MongoDB in a nutshell'
> title
MongoDB in a nutshell
> db.books.insert({title: title, isbn: 102})
WriteResult({ "nInserted" : 1 })
> db.books.find()
{ "_id" : ObjectId("59203874141daf984112d080"), "title" : "MongoDB in a
nutshell", "isbn" : 102 }
```

在上面的示例中，只是简单地将新的 title 变量声明为 MongoDB in a nutshell，并使用该变量将新文档插入 books 集合中。

由于它是一个 JavaScript shell，所以开发人员也可以将它用于从数据库生成复杂结果的函数和脚本，如下所示。

```
> queryBooksByIsbn = function(isbn) { return db.books.find({isbn:
isbn})}
```

通过这个单行脚本，创建了一个名为 queryBooksByIsbn 的新函数，它接受一个参数，即 isbn 值。通过采用 books 集合中的数据，可以使用这个新函数并按 isbn 获得返回的书籍。

```
> queryBooksByIsbn("101")
{ "_id" : ObjectId("592035f6141daf984112d07f"), "title" : "mastering
mongoDB", "isbn" : "101", "price" : 30 }
```

开发人员可以使用 shell 编写和测试自己的脚本。一旦满意结果，还可以将它们存储在 .js 文件中并直接从命令行调用它们。

```
$ mongo <script_name> .js
```

以下是关于这些脚本的默认行为的一些实用提示。

● 写操作将使用默认的写入关注（Write Concern）1，这对于当前版本的 MongoDB
来说是全局的。写入关注 1 将请求写操作已传播到独立 mongod 或副本集中的主
要操作的确认。

● 要获得从脚本返回到标准输出的操作结果，开发人员必须使用 JavaScript 的内置
print() 函数或特定于 mongo 的 printjson() 函数，printjson() 函数将按 JSON 格式
对结果进行格式化并打印输出。

1. 为 mongo shell 编写脚本和直接使用它之间的差异

在为 mongo shell 编写脚本时，无法使用 shell 帮助程序。MongoDB 的命令（例如，
use <database_name>、show collections 和其他帮助程序等）都内置在 shell 中，因此无法
从脚本执行的 JavaScript 环境中获得。幸运的是，它们在 JavaScript 执行环境中具有相同
的等价脚本，如表 3.1 所示。

表 3.1　shell 帮助程序和 JavaScript 等价脚本

shell 帮助程序	JavaScript 等价脚本
show dbs, show databases	db.adminCommand（'listDatabases'）
use <database_name>	db = db.getSiblingDB（'<database_name>'）
show collections	db.getCollectionNames()
show users	db.getUsers()
show roles	db.getRoles({showBuiltinRoles: true})
show log <logname>	db.adminCommand({ 'getLog' : '<logname>' })
show logs	db.adminCommand({ 'getLog' : '*' })

it	cursor = db.collection.find()
	if (cursor.hasNext()){
	　cursor.next();
	}

在表 3.1 中，it 是 mongo shell 返回的迭代游标，当查询返回太多结果并在一个批处
理中显示时，就会返回 it。

使用 mongo shell，几乎可以编写客户端的任何内容，这意味着开发人员拥有一个非
常强大的原型设计工具，可以快速洞悉自己的数据。

2. 使用 shell 批量插入

使用 shell 时，常想以编程方式插入大量文档。由于有了 JavaScript shell，所以最直
接的实现是迭代循环，按照这种方式在循环的每一次迭代中生成每个文档并执行写操作，

具体如下所示。

```
> authorMongoFactory = function() {for(loop=0;loop<1000;loop++)
{db.books.insert({name: "MongoDB factory book" + loop})}}
function () {for(loop=0;loop<1000;loop++) {db.books.insert({name:
"MongoDB factory book" + loop})}}
```

在上面这个简单的例子中，为图书作者创建了一个 authorMongoFactory() 方法，该作者撰写了 1000 本有关 MongoDB 的图书，每本书的名称略有不同。

```
> authorMongoFactory()
```

这将导致向数据库发出 1000 次写入。这虽然方便，但数据库处理起来要困难得多。

相反，如果使用批量写入，则可以发出一个数据库插入命令，其中包含事先准备好的 1000 个文档。

```
> fastAuthorMongoFactory = function() {
var bulk = db.books.initializeUnorderedBulkOp();
for(loop=0;loop<1000;loop++) {bulk.insert({name: "MongoDB factory
book" + loop})}
bulk.execute();
}
```

最终结果与以前相同，在 books 集合中将出现以下结构的 1000 个文档。

```
> db.books.find()
{ "_id" : ObjectId("59204251141daf984112d851"), "name" : "MongoDB
factory book0" }
{ "_id" : ObjectId("59204251141daf984112d852"), "name" : "MongoDB
factory book1" }
{ "_id" : ObjectId("59204251141daf984112d853"), "name" : "MongoDB
factory book2" }
…
{ "_id" : ObjectId("59204251141daf984112d853"), "name" : "MongoDB
factory book999" }
```

开发人员与用户的立场不同，开发人员更注重的是执行速度和减少数据库的压力。

在上面的示例中，使用了 initializeUnorderedBulkOp() 进行批量操作构建器设置。这样做的原因是我们不关心插入的顺序是否与使用 bulk.insert() 命令将它们添加到 bulk 变量的顺序相同。

当可以确信所有操作彼此无关或幂等时，这是有意义的。请注意，幂等（idempotent）是一个数学与计算机学概念，在编程中，幂等操作的特点是其任意多次执行所产生的影响均与一次执行的影响相同（译者注）。

如果开发人员关心具有相同的插入顺序，则可以使用 initializeOrderedBulkOp()，将上面函数的第 2 行更改为如下所示。

```
var bulk = db.books.initializeOrderedBulkOp();
```

3. 使用 mongo shell 进行批处理操作

在仅处理插入操作的情况下，开发人员通常可以预料到操作的顺序无关紧要。

但是，除插入之外，批量处理其实还可以应用于更多操作。在下面的示例中可以看到，在 bookOrders 集合中有一本 isbn 为 101 且书名为 Mastering MongoDB 的图书，在 available 字段中则包含了该图书的可用副本数量，总共有 99 本图书可供购买。

```
> db.bookOrders.find()
{ "_id" : ObjectId("59204793141daf984112dc3c"), "isbn" : 101, "name" :
"Mastering MongoDB", "available" : 99 }
```

通过单次批处理中的以下一系列操作，我们可以将 1 本书添加到库存中，然后订购 100 本书，最终，该图书总共可以购买的数量变成了 0 本。

```
> var bulk = db.bookOrders.initializeOrderedBulkOp();
> bulk.find({isbn: 101}).updateOne({$inc: {available : 1}});
> bulk.find({isbn: 101}).updateOne({$inc: {available : -100}});
> bulk.execute();
```

该批处理的过程如图 3.1 所示。

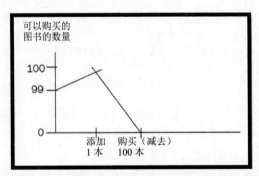

图 3.1　在 x 轴上显示的是图书进出仓库的顺序

在上面的示例中，因为使用的是 initializeOrderedBulkOp()，所以可以确保在购买 100 本之前先添加一本书，这样就永远不会缺货。相反，如果使用的是 initializeUnorderedBulkOp()，那么就不会有这样的保证，我们可能会在添加新书之前收到 100 本书的订单，导致应用程序错误，因为实际上并没有那么多的书来完成订单。

通过有序的操作列表执行时，MongoDB 会将操作拆分为按 1000 个操作一批，并按操作类型对这些操作进行分组。例如，假设有 1004 个插入操作，然后是 998 个更新操作，再然后是 1004 个删除操作，最后是 5 个插入操作，则 MongoDB 将进行拆分，1004 个插入操作将被拆分为两批，第一批是 1000 个插入操作，剩下的 4 个插入操作是第 2 批。1004 个删除操作也将分批，不足 1000 不分批，最终得到以下结果。

[1000 inserts]

[4 inserts]

[998 updates]

[1000 deletes]

[4 deletes]

[5 inserts]

其操作顺序如图 3.2 所示。

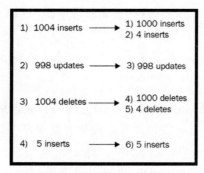

图 3.2　插入顺序示意图

这不会影响到操作的顺序，但隐含的意味是，操作将以每批 1000 个对数据库执行。此行为在将来的版本中未必会被保留。

如果要检查 bulk.execute() 命令的执行，可以在 execute() 之后立即执行 bulk.getOperations()。

ⓘ 从版本 3.2 开始，MongoDB 为批量写入提供了另一个命令 BulkWrite()。

BulkWrite 参数是开发人员想要执行的一系列操作和 WriteConcern（默认值为 1），并且这些操作应该按顺序排列（默认情况下会排序）。

```
> db.collection.bulkWrite(
  [ <operation 1>, <operation 2>, ... ],
  {
        writeConcern : <document>,
```

```
        ordered : <boolean>
    }
)
```

其操作与 Bulk 支持的操作相同。

- insertOne
- updateOne
- updateMany
- deleteOne
- deleteMany
- replaceOne

updateOne、deleteOne 和 replaceOne 具有匹配的过滤器，如果它们匹配多个文档，它们将仅在第一个文档上执行。设计这些查询非常重要，这样它们就不会匹配多个文档，否则行为将是未定义的。

3.1.2　管理

对开发人员来说，使用 MongoDB 的大部分时间都应该感到它是透明的。由于没有模式，因此不需要迁移，并且一般来说开发人员会发现自己花在数据库世界中管理任务上的时间更少。

话虽这么说，有经验的 MongoDB 开发人员或架构师仍可以执行一些任务来提升 MongoDB 的速度和性能。

在进程级别，有 shutDown 命令可以关闭 MongoDB 服务器。

在数据库级别，则有以下命令。

- dropDatabase
- listCollections
- copyDB 或 clone 可以按本机方式克隆远程数据库
- 当数据库由于硬盘未正常关机（Unclean Shutdown）而未处于一致状态时，可以使用 repairDatabase

而在集合级别则有以下命令。

- drop：删除集合
- create：创建集合
- renameCollection：重命名集合
- cloneCollection：将远程集合克隆到本地数据库

- cloneCollectionAsCapped：将集合克隆到新的上限集合
- convertToCapped：将集合转换为上限集合

在索引级别可以使用以下命令。

- createIndexes
- listIndexes
- dropIndexes
- reIndex

从管理的角度出发，下面还将介绍其他一些更重要的命令。

1. fsync

MongoDB 通常每 60 秒将所有操作写入磁盘。fsync 将强制数据立即持久存储到磁盘采用同步方式。

如果开发人员想要备份数据库，就需要应用锁。在 fsync 运行时，锁定将阻止所有写入和一些读取操作。

在几乎所有情况下，最好使用 Journaling 日志功能，并参考本书第 7 章"监控、备份和安全性"中的备份和还原技术，获得最大的可用性和性能。

2. compact

MongoDB 文档占用磁盘上指定的空间量。如果开发人员执行了一个增加文档大小的更新，则最终可能会不按顺序移动到存储块的末尾，从而在存储中创建空洞，导致此更新的执行时间增加，并且可能会使其无法运行查询，如图 3.3 所示。compact 操作将对空间进行碎片整理，从而减少使用的空间。

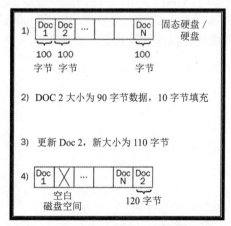

图 3.3　增加文档大小的更新可能会导致不按顺序移动到存储块的末尾

compact 也可以采用 `paddingFactor` 参数，如下所示。

```
> db.runCommand({compact:'<collection>',paddingFactor:2.0})
```

`paddingFactor` 是每个文档中的预分配空间，范围为 1.0 ～ 4.0（1.0 表示无填充，默认值），如果为 4.0，则表示对于最初插入时每 100 字节文档空间将计算 300 字节的填充。

由此可见，添加填充可以帮助缓解更新移动文档的问题，代价是在创建时每个文档都需要更多的磁盘空间。

3. currentOp/killOp

db.currentOp() 将显示数据库中当前正在运行的操作，并尝试将其终止。在运行 killOp() 之前需要运行 use admin 命令。毫无疑问，不建议对内部 MongoDB 操作使用 killOp()，因为这样可能导致数据库最终处于未定义状态。

```
> db.runCommand( { "killOp": 1, "op": <operationId> } )
```

4. collMod

collMod 用于将标志传递给修改底层数据库行为的集合。

从版本 3.2 开始，开发人员可以传递给集合的最有趣的标志集是文档验证。

文档验证可以指定要应用于新更新和插入集合的一组规则。这意味着如果修改了当前文档，将会检查它们。

如果将 validationLevel 设置为 moderate，则只能对已经有效的文档应用验证。通过指定 validationAction，开发人员可以记录无效的文档（需要将其设置为 warn），也可以防止更新发生（需要将其设置为 error）。

例如，使用上一个 BookOrders 示例，可以在 isbn 和 name 字段上设置一个验证器（Validator），对每个插入或更新操作进行验证，如下所示。

```
> db.runCommand( { collMod: "bookOrders",
"validator" : {
      "$and" : [
         {
           "isbn" : {
              "$exists" : true
           }
         },
         {
           "name" : {
              "$exists" : true
           }
```

```
            }
        ]
    }
})
```

该示例将返回如下内容。

```
    { "ok" : 1 }
```

然后，如果尝试插入仅提供了 isbn 字段的新文档，将会出现错误。

```
> db.bookOrders.insert({isbn: 102})
WriteResult({
"nInserted" : 0,
"writeError" : {
"code" : 121,
"errmsg" : "Document failed validation"
}
})
>
```

我们收到错误消息的原因是验证失败了。从 shell 管理验证非常有用，因为开发人员可以编写脚本来管理它们，并确保一切都到位。

5. touch

touch 命令可以将数据和 / 或索引数据从存储器加载到内存中。如果脚本随后将使用此数据，那么这对于加速执行一般来说是很有用的。

```
> db.runCommand({ touch: "bookOrders", data: true/false, index: true/
false
})
```

但是，在生产系统中应谨慎使用此命令，因为将数据和索引数据加载到内存中将取代现有数据。

3.1.3　mongo shell 中的 MapReduce

MongoDB 历史中一直未得到充分肯定且未得到广泛支持的最有趣的功能之一是能够使用 shell 以原生方式编写 MapReduce。

MapReduce 是一种数据处理方法，用于从大型数据集中获取聚合结果。主要优点是它本身可并行化，这已经被诸如 Hadoop 之类的框架所证明。

当用于实现数据管道时，MapReduce 非常有用。可以链接多个 MapReduce 命令以产生不同的结果。一个例子是按不同的报告周期（小时、日、周、月、年）汇总数据，其中，我们将使用每个更细粒度的报告周期的输出来生成细粒度较低的报告。

在我们的示例中，MapReduce 的一个简单示例如下所示，这里假定输入了 books 集合。

```
> db.books.find()
{"_id": ObjectId("592149c4aabac953a3a1e31e"),"isbn":"101","name":
"Mastering MongoDB", "price" : 30 }
{"_id" : ObjectId("59214bc1aabac954263b24e0"), "isbn" : "102", "name" :
"MongoDB in 7 years", "price" : 50}
{"_id" : ObjectId("59214bc1aabac954263b24e1"), "isbn" : "103", "name" :
"MongoDB for experts", "price" : 40 }
```

mapper 函数定义如下。

```
> var mapper = function() {
    emit(this.id, 1);
};
```

在这个 mapper 函数中，只输出值为 1 的每个文档的 id 键。

```
> var reducer = function(id, count) {
    return Array.sum(count);
};
```

在 reducer 函数中，将对所有值求和（其中每个值都为 1）。

```
> db.books.mapReduce(mapper, reducer, { out:"books_count" });
{
"result" : "books_count",
"timeMillis" : 16613,
"counts" : {
"input" : 3,
"emit" : 3,
"reduce" : 1,
"output" : 1
},
"ok" : 1
}
> db.books_count.find()
{ "_id" : null, "value" : 3 }
>
```

该示例的最终输出是一个没有 ID 的文档，因为没有输出任何 id 的值。有一个值为 6，是因为输入数据集中有 6 个文档。

　　使用 MapReduce，MongoDB 将映射应用于每个输入文档，在映射阶段结束时发出键 - 值对。然后每个 reducer 将使用与输入相同的键获得键值对，处理所有多个值。reducer 的输出将是每个键的单个键值对。

　　或者，开发人员也可以使用 finalize 函数来进一步处理 mapper 和 reducer 的结果。MapReduce 函数使用 JavaScript 并在 mongod 进程中运行。MapReduce 可以作为单个文档内联输出，受 16 MB 文档大小限制，或者也可以作为输出集合中的多个文档。输入和输出集合可以分片。

1. MapReduce 并发

　　MapReduce 操作将放置若干个不影响操作的短期锁。但是，在归约阶段结束时，如果开发人员将数据输出到现有集合，那么诸如 merge、reduce 和 replace 之类的输出操作将采用整个服务器的全局独占写入锁，阻止 db 实例中的所有其他写操作。如果想要避免这种情况，则应该通过以下方式调用 MapReduce。

```
> db.collection.mapReduce(
   mapper,
   reducer,
   {
       out: { merge/reduce: bookOrders, nonAtomic: true
   }
})
```

　　开发人员只能将 nonAtomic 应用于 merge 或 reduce 操作。replace 将只替换 bookOrders 中的文档内容，这不会花费太多时间。

　　在使用 merge 操作的情况下，如果输出集合已存在，则新结果将与现有结果合并。如果现有文档与新结果具有相同的键，则它将覆盖现有文档。

　　在使用 reduce 操作的情况下，如果输出集合已存在，则新结果将与现有结果一起处理。如果现有文档与新结果具有相同的键，则会将 reduce 函数应用于新文档和现有文档，并使用结果覆盖现有文档。

　　尽管 MapReduce 自 MongoDB 的早期版本以来一直存在，但它的发展明显不如数据库的其他功能，导致其使用率低于 Hadoop 等专用 MapReduce 框架。有关 Hadoop 的详细信息，请参考本书第 9 章 "通过 MongoDB 利用大数据"。

2. 增量 MapReduce

　　增量 MapReduce 是一种模式，该模式可以使用 MapReduce 聚合到先前计算的值。

这里有一个示例是计算不同报告周期（即小时、日、月）的集合中的非独特用户，而无须每小时重新计算结果。

要为增量 MapReduce 设置数据，需要执行以下操作。

● 将归约数据输出到不同的集合。

● 在每个小时结束时，仅查询在过去一小时内进入集合的数据。

● 在具有归约数据输出的情况下，将结果与前一小时的计算结果合并。

继上一个示例之后，假设在每个文档中都有一个已发布的字段，并且输入数据集为如下操作。

```
> db.books.find()
{ "_id" : ObjectId("592149c4aabac953a3a1e31e"), "isbn" : "101", "name" :
"Mastering MongoDB", "price" : 30, "published" :
ISODate("2017-06-25T00:00:00Z") }
{ "_id" : ObjectId("59214bc1aabac954263b24e0"), "isbn" : "102", "name" :
"MongoDB in 7 years", "price" : 50, "published" :
ISODate("2017-06-26T00:00:00Z") }
```

使用之前计算图书的示例，将获得以下结果。

```
var mapper = function() {
    emit(this.id, 1);
};
var reducer = function(id, count) {
    return Array.sum(count);
};
> db.books.mapReduce(mapper, reducer, { out: "books_count" })
{
"result" : "books_count",
"timeMillis" : 16700,
"counts" : {
"input" : 2,
"emit" : 2,
"reduce" : 1,
"output" : 1
},
"ok" : 1
}
> db.books_count.find()
{ "_id" : null, "value" : 2 }
```

现在在 mongo_books 集合中获得第三本书，并且具有一个文档。

```
{ "_id" : ObjectId("59214bc1aabac954263b24e1"), "isbn" : "103", "name" :
"MongoDB for experts", "price" : 40, "published" :
ISODate("2017-07-01T00:00:00Z") }
> db.books.mapReduce( mapper, reducer, { query: { published: { $gte:
ISODate('2017-07-01 00:00:00') } }, out: { reduce: "books_count" } } )
> db.books_count.find()
{ "_id" : null, "value" : 3 }
```

这个例子的目的是，通过查询 2017 年 7 月的文档，仅从查询中获得了新文档，然后使用其值归约在 books_count 文档中具有的已计算的值 2，并且添加值 1 到三个文档的最终总和中。

这个例子就像它设计的目的那样，显示了 MapReduce 的一个强大属性：能够重新归约结果以逐步递增地计算聚合。

3. MapReduce 调试

多年来，MapReduce 框架的一个主要缺点是调试（Troubleshooting）的固有难度，而不是更简单的非分布式模式。大多数情况下，最有效的工具是使用日志语句进行调试，以验证输出值是否与开发人员的预期值相匹配。在 mongo shell 中，这是一个 JavaScript shell，这与使用 console.log() 函数输出一样简单。

深入研究 MongoDB 中的 MapReduce，开发人员可以通过重载输出值来调试 mapper 映射和 reducer 归约阶段。

调试 mapper 阶段时，可以重载 emit() 函数来测试输出键值是什么。

```
> var emit = function(key, value) {
    print("debugging mapper's emit");
    print("key: " + key + "value: " + tojson(value));
}
```

然后，可以在单个文档上手动调用它，以验证是否返回了我们期望的键值对。

```
> var myDoc = db.orders.findOne( { _id:
ObjectId("50a8240b927d5d8b5891743c") } );
> mapper.apply(myDoc);
```

reducer 函数则稍微复杂一些。MapReduce reducer 函数必须满足以下条件。

● 它必须是幂等的。
● 来自 mapper 函数的值的顺序对于 reducer 的结果无关紧要。
● reduce 函数必须返回与 mapper 函数相同类型的结果。

现在对这些要求进行逐一剖析，以了解它们的真正含义。

● 它必须是幂等的。根据设计，MapReduce 可以使用 mapper 阶段中的多个值为同
一个键多次调用 reducer。它也不需要归约某个键的单个实例，因为它刚刚添加
到集合中。无论执行顺序如何，最终值应该相同。这可以通过编写我们自己的"验
证器"函数来强制 reducer 重新归约或通过多次执行 reducer 来验证。

```
reduce( key, [ reduce(key, valuesArray) ] ) == reduce( key,
valuesArray )
```

● 它必须是可交换的。同样，因为对于同一个键可能会出现对 reducer 的多次调用，
所以如果它有多个值，则以下内容应该成立。

```
reduce(key, [ C, reduce(key, [ A, B ]) ] ) == reduce( key, [ C, A, B ] )
```

● 来自 mapper 函数的值的顺序对于 reducer 的结果无关紧要。开发人员可以测试来
自 mapper 函数的值的顺序是否不会改变 reducer 的输出结果，方法是以不同的顺
序将文档传递给 mapper，并且验证是否能得到相同的输出结果。

```
reduce( key, [ A, B ] ) == reduce( key, [ B, A ] )
```

● reduce 函数必须返回与 mapper 函数相同类型的结果。这与第一个要求其实是一
致的，reduce 函数返回的对象类型应与 mapper 函数输出的对象类型相同。

3.1.4　聚合框架

从版本 2.2 开始，MongoDB 提供了一种更好的使用聚合（Aggregation）的方式。从
那时起，聚合框架（Aggregation Framework）就一直受到支持、采用和增强。聚合框架
可以在数据处理管道之后建模。

在数据处理管道中，有两个主要操作：像查询一样操作的过滤器（Filter），它可以
过滤文档；另外一个操作是转换文档，文档转换将为下一阶段做好准备。

1．SQL 和聚合

聚合管道可以替换和扩充 shell 中的查询操作。一种常见的开发模式如下所示。

● 验证是否具有正确的数据结构，并使用 shell 中的一系列查询获得快速结果。

● 使用聚合框架的原型管道结果。

● 有必要时可以进行优化和重构，以便通过抽取、转换和加载（Extract、
Transform、Load，ETL）流程将数据导入专用数据仓库，或者通过更广泛地使用
应用程序层来获取我们需要的洞察力。

在表 3.2 中，可以看到 SQL 命令如何映射到聚合框架的操作符。

表 3.2　SQL 命令和映射的聚合框架的操作符

SQL	聚 合 框 架
WHERE/HAVING	$match
GROUP BY	$group
SELECT	$project
ORDER BY	$sort
LIMIT	$limit
sum()/count()	$sum
join	$lookup

2. 聚合与 MapReduce 对比

在 MongoDB 中，开发人员基本上可以使用 3 种方法从数据库中获取数据：查询、聚合框架和 MapReduce。所有这 3 种方法都可以相互联系在一起，很多时候这样做都很有用。当然，更重要的是，开发人员了解何时应该使用聚合，而何时 MapReduce 又可能是更好的替代方案。

💡 聚合框架和 MapReduce 都可以应用于分片数据库。

聚合是基于管道的概念。因此，能够对从输入到最终输出的数据进行建模，这一点非常重要，开发人员需要通过一系列转换和处理来获得需要的数据。当处理的中间结果可以单独使用或者提供给并行管道时，它也非常有用。开发人员的操作受到 MongoDB 提供的操作符的限制，因此，确保通过可用的命令计算所需的所有结果非常重要。

另一方面，MapReduce 也可用于构建管道，方法是将一个 MapReduce 作业的输出通过中间集合链接到下一个 MapReduce 作业的输入，但这不是它的主要用途。

MapReduce 最常见的用例是定期计算大型数据集的聚合。有了 MongoDB 的查询，开发人员可以逐步计算这些聚合，而无须每次都扫描整个输入表。此外，它的威力来自于它的灵活性，因为开发人员可以在计算中间结果时使用语言的完全灵活性来定义 JavaScript 中的 mapper 映射器和 reducer 归约器。如果没有聚合框架提供的操作符，那么开发人员就必须自己实现它们。

在许多情况下，聚合框架和 MapReduce 并不是只能二选一的问题。开发人员可以（而且也应该）使用聚合框架来构建自己的 ETL 管道，并使用 MapReduce 来获取尚未得到充分支持的部分。

本书第 5 章 "聚合" 提供了一个采用了聚合框架和 MapReduce 的完整用例。

3.1.5　保护 shell 的安全

　　MongoDB 的初衷是建立一个易于开发的数据库，因此，一开始对于数据库级别的安全性问题并未太在意，它主要是由开发人员和管理员来保护 MongoDB 主机免受应用程序服务器外部的访问。

　　糟糕的是，这意味着，到 2015 年为止，已经发现有 39890 个数据库对互联网开放，而没有配置安全访问。其中许多是生产系统中的数据库，包括一个属于法国电信运营商的数据库，它包含了其客户 800 多万条记录。

　　如今，在从本地服务器部署到生产系统的所有开发阶段，没有理由让任何 MongoDB 服务器采用默认的身份验证关闭设置。

1.　身份验证和授权

　　身份验证（Authentication）和授权（Authorization）密切相关，它们的英文拼写相近，有时也可能会让人搞混。身份验证机制的目的是验证数据库的用户的身份。身份验证的一个示例是安全套接层（Secure Sockets Layer，SSL），其中的 Web 服务器将对用户验证其身份，即用户所声称的身份。

　　授权机制的目的则是确定用户可以对资源执行的操作。接下来将在明确了这些定义的基础上讨论身份验证和授权。

2.　MongoDB 授权

　　MongoDB 最基本的授权依赖于用户名 / 密码方法。默认情况下，MongoDB 不会在启动时启用授权。要启用授权机制，需要使用 --auth 参数启动服务器。

```
$ mongod --auth
```

　　要设置授权，需要在未启用授权机制的情况下启动服务器来设置一个用户。要设置 admin 用户，可以按以下方式操作。

```
> use admin
> db.createUser(
    {
        user: <adminUser>,
        pwd: <password>,
        roles: [ { role: <adminRole>, db: "admin" } ]
    }
)
```

在上面的示例中，<adminUser> 是要创建的用户的名称，<password> 是密码，而 <adminRole> 则是用户的角色，它可以是以下任何值（按权限从高到低排序）。

- root
- dbAdminAnyDatabase
- userAdminAnyDatabase
- readWriteAnyDatabase
- readAnyDatabase
- dbOwner
- dbAdmin
- userAdmin
- readWrite
- read

在这些角色中，root 是允许访问所有内容的超级用户。除某些特殊情况外，不建议使用此角色。

上述 4 种 AnyDatabase 角色都提供对所有数据库的访问权限，其中，dbAdminAnyDatabase 将 userAdminAnyDatabase 和 readWriteAnyDatabase 范围组合在一起，它在所有数据库中都是管理员。

其余角色在用户希望它们应用的数据库中定义，方法是更改上面示例中的 db.createUser() 的角色子文档。例如，假设要为 mongo_book 数据库创建 dbAdmin 角色，则可以使用以下命令。

```
> db.createUser(
    {
        user: <adminUser>,
        pwd: <password>,
        roles: [ { role: "dbAdmin", db: "mongo_book" } ]
    }
)
```

集群管理具有更多的角色，本书将在第 10 章 "复制" 中做更深入的阐释。

最后，当开发人员使用 --auth 标志设置重新启动数据库时，即可使用命令行或连接字符串（来自任何驱动程序）以 admin 身份连接并使用预定义或自定义的角色创建新用户，具体如下所示。

Mongodb:// [用户名 : 密码 @] 主机 1 [: 端口 1] [, 主机 2 [: 端口 2],... [, 主机 N [: 端口 N]]] [/[数据库] [? 选项]

3．MongoDB 的安全提示

常见的软件系统安全预防措施同样也适用于 MongoDB。本节将对它们中的一部分进行简要介绍，并提示如何启用它们。

4．使用 TLS/SSL 加密通信

mongod 或 mongos 服务器与客户端 mongo shell 或应用程序之间的通信应该进行加密处理。3.0 及以后的大多数 MongoDB 发行版本都支持此功能，但是开发人员需要注意下载包含 SSL 支持的适当版本。

在此之后，开发人员需要从受信任的证书颁发机构获取签名证书或签署自己的证书。使用自签名证书（Self-Signed Certificate）对于预生产系统来说是好的，但在生产系统中，它意味着 mongo 服务器将无法验证开发人员的身份，使得开发人员容易受到中间人攻击（Man-In-The-Middle Attack，简称"MITM 攻击"），因此强烈建议使用适当的证书。

要启动使用 SSL 的 MongoDB 服务器，可执行以下操作。

```
$ mongod --sslMode requireSSL --sslPEMKeyFile <pem> --sslCAFile <ca>
```

其中，<pem> 是开发人员的 .pem 签名证书文件，<ca> 是来自包含根证书链（Root Certificate Chain）的证书颁发机构的 .pem 根证书。

这些选项也可以在 YAML 文件格式的配置文件 mongod.conf 或 mongos.conf 中进行定义，具体如下所示。

```
net:
    ssl:
        mode: requireSSL
        PEMKeyFile: /etc/ssl/mongodb.pem
        CAFile: /etc/ssl/ca.pem
        disabledProtocols: TLS1_0,TLS1_1,TLS1_2
```

在上面的示例中，指定了一个 PEMKeyFile 和一个 CAFile，并且也不允许服务器启动遵循 TLS1_0、TLS1_1 或 TLS1_2 版本的证书。这些都是目前 disabledProtocols 可以提供的版本。

5．加密数据

强烈建议使用 WiredTiger 加密静态数据，因为它从 3.2 版本开始就提供了原生支持。

对于 MongoDB 社区版的用户，可以在选择的存储方式中实现，例如，在亚马逊云服务平台 AWS 中即可使用 EBS 加密的存储卷。

🛈 加密功能仅可用于 MongoDB 企业版。

6. 限制网络公开

保护任何服务器的最古老的安全方法是禁止它接受来自未知来源的连接。在 MongoDB 中，这是在一个带有简单行的配置文件中完成的。

```
net:
    bindIp: <string>
```

在这里，<string> 是一个以逗号分隔的 IP 列表，MongoDB 服务器将接受来自该 IP 列表的连接。

7. 防火墙和 VPN

通过结合使用限制服务器端网络公开的功能，开发人员可以使用防火墙来阻止从外部互联网访问自己的网络。此外，虚拟专用网络（Virtual Private Network，VPN）也可以在开发人员的服务器之间提供隧道流量，但它不应该用作唯一的安全机制。

8. 安全审计

无论系统有多安全，开发人员都需要从审计（Audit）角度密切关注它，以确保能够尽快发现可能的违规并立即停止。

ℹ️ 安全审计功能仅可用于 MongoDB 企业版。

对于 MongoDB 社区版的用户，开发人员必须通过在应用程序层中记录对文档和集合的更改来手动设置审计，这些修改可能在完全不同的数据库中。第 4 章将对此展开讨论，其中包括使用客户端驱动程序的高级查询。

9. 使用安全配置选项

不言而喻，开发人员应该使用合理的配置选项。必须使用以下选项之一。

（1）MapReduce。

（2）mongo shell 组合操作或来自客户端驱动程序的组合操作。

（3）$where JavaScript 服务器评估。

如果不这样做，则应该在启动服务器时使用命令行的 --noscripting 选项禁用服务器端脚本执行。

在上述选项列表中的第 2 个可能需要一定的技巧，因为当开发人员在驱动程序中发出组合命令时，许多驱动程序可能会使用 MongoDB 的 group() 命令，但是，考虑到 group() 在性能和输出文档方面的限制，开发人员应该重新考虑自己的设计，以使用聚合框架或应用程序端的聚合。

此外，还必须禁用 Web 界面，方法是不使用以下任何命令。

- net.http.enabled
- net.http.JSONPEnabled
- net.http.RESTInterfaceEnabled

相反，wireObjectCheck 则需要保持启用状态，因为这样可以确保 mongod 实例存储的所有文档都是有效的 BSON。

3.1.6　使用 MongoDB 进行身份验证

默认情况下，MongoDB 使用 SCRAM-SHA-1 作为默认质询和响应（Challenge and Response）身份验证机制。这是一种基于 SHA-1 用户名 / 密码的身份验证机制。所有驱动程序和 mongo shell 本身都有内置的方法来支持它。

ⓘ 这是从 MongoDB 3.0 版之后才做出的改变。更早之前的版本使用的是安全性较差的 MONGODB-CR。

1.　企业版

MongoDB 企业版是一种付费订阅产品，它可以提供更多有关安全和管理的功能。

2.　Kerberos 身份验证

MongoDB 企业版还可以提供 Kerberos 身份验证。Kerberos 是以希腊神话中给冥王 Hades（哈迪斯）看守大门的地狱三头犬 Kerberos（或者拼写为 Cerberus，中文译名都是"刻耳柏洛斯"）命名的，它专注于客户端和服务器之间的相互身份验证，以防止窃听和重放（Replay）攻击。

Kerberos 通过与 Microsoft 的 Active Directory 集成，广泛用于 Windows 系统。要安装 Kerberos，开发人员需要在没有设置 Kerberos 的情况下启动 mongod，然后连接到 $external 数据库（不是通常用于管理员授权的 admin），并创建具有 Kerberos 角色和权限的用户，具体如下所示。

```
use $external
db.createUser(
    {
        user: "mongo_book_user@packt.net",
        roles: [ { role: "read", db: "mongo_book" } ]
    }
)
```

在上面的示例中，授权 mongo_book_user@packt.net 用户读取 mongo_book 数据库，就像之前通过用户管理系统一样。

在那之后，需要通过传入 authenticationMechanisms 参数来启动服务器和 Kerberos 支持。

```
--setParameter authenticationMechanisms = GSSAPI
```

现在可以从服务器或命令行连接。

```
$ mongo.exe --host <mongoserver> --authenticationMechanism = GSSAPI --
authenticationDatabase ='$ external' --username mongo_book_user@packt.
net
```

3. LDAP 身份验证

与 Kerberos 身份验证类似，开发人员也仅可以在 MongoDB 企业版中使用轻量目录访问协议（Lightweight Directory Access Protocol，LDAP）。

设置用户必须在 $external 数据库中完成，并且必须与身份验证 LDAP name 的名称匹配。该名称可能需要通过转换，而这可能导致 LDAP name 与 $external 数据库中的用户条目不匹配。有关设置 LDAP 身份验证的内容超出了本书的范围，但重要的是开发人员要考虑到，LDAP 服务器中的任何更改都可能需要在 MongoDB 服务器中进行更改。它们不会自动发生。

3.2　小　　结

本章初步介绍了 MongoDB CRUD 的操作。从 mongo shell 开始，我们学习了如何插入、删除、读取和修改文档，还讨论了一次性插入和批量插入之间的差异。

在此之后，我们讨论了管理任务，以及如何在 mongo shell 中执行它们。本章还讨论了 MapReduce 及聚合框架，包括它们之间的对比、使用它们的方法，以及如何将 SQL 查询转换为聚合框架管道命令。

最后，我们还讨论了 MongoDB 的安全性和身份验证。保护数据库至关重要，因此本书将在第 7 章 "监控、备份和安全性" 中提供更多相关信息。

下一章将使用 3 种目前最流行的 Web 开发语言（Ruby、Python 和 PHP）深入研究 CRUD 操作。

第 4 章 高 级 查 询

在本书第 3 章中，演示了如何以安全的方式使用 shell 进行脚本编写、管理和开发。本章将深入探讨如何结合使用 MongoDB 与 3 种编程语言（Ruby、Python 和 PHP）的驱动程序和流行框架。

本章还将展示使用这些语言的最佳实践，以及 MongoDB 在数据库级别支持的各种比较和更新操作符，以及可通过 Ruby、Python 和 PHP 访问的操作符。

我们将为每种语言使用的框架如下。

● Ruby：mongo-ruby-driver 和 Mongoid
● Python：mongo-python-driver 和 PyMODM
● PHP：mongo-php-driver 和 Doctrine </ li>

本章将要讨论的主题包括如下内容。

● 使用 Ruby 驱动程序执行 CRUD 操作
● 在 Mongoid 中的 CRUD 操作
● 使用 Python 驱动程序执行 CRUD 操作
● 使用 PyMODM 执行 CRUD 操作
● 使用 PHP 驱动程序执行 CRUD 操作
● 使用 Doctrine 执行 CRUD 操作
● 比较操作符
● 更新操作符
● 智能查询

4.1 MongoDB CRUD 操作

本节将分别使用 Ruby、Python 和 PHP，以及官方 MongoDB 驱动程序和每种语言的一些流行框架来介绍 CRUD 操作。

4.1.1 使用 Ruby 驱动程序执行 CRUD 操作

在第 3 章中介绍了如何使用驱动程序和 ODM 从 Ruby、Python 和 PHP 连接到 MongoDB。

本章将使用官方驱动程序和最常用的对象文档映射器（Object Document Mapper，ODM）框架来探索创建、读取、更新和删除操作。

1. 创建文档

为方便起见，这里沿用本书第 2 章"模式设计和数据建模"中描述的过程，假设在 127.0.0.1:27017 默认数据库中有一个 @collection 实例变量指向 mongo_book 数据库中的 books 集合。

```
@collection = Mongo::Client.new([ '127.0.0.1:27017' ], :database =>
'mongo_book').database[:books]
```

使用我们的定义插入单个文档。

```
document = { isbn: '101', name: 'Mastering MongoDB', price: 30}
```

可以使用一行代码完成，如下所示。

```
result = @collection.insert_one(document)
```

生成的对象是一个 Mongo :: Operation :: Result 类，其内容类似于在 shell 中的内容。

```
{"n"=>1, "ok"=>1.0}
```

在这里，n 是受影响文件的数量，1 表示插入的是 1 个对象，ok 表示 1（true）。

在一个步骤中创建多个文档与此类似。如果要使用 insert_many 而不是 insert_one 创建 isbn 分别为 102 和 103 的两个文档，则可以按如下方式执行。

```
documents =[ { isbn: '102', name: 'MongoDB in 7 years', price: 50 },
             { isbn: '103', name: 'MongoDB for experts', price: 40 } ]
result = @collection.insert_many(documents)
```

结果对象现在是一个 Mongo::BulkWrite::Result 类，这意味着 BulkWrite 接口可用于提高性能。

主要区别在于现在我们有了一个属性 inserted_ids，它将返回来自 BSON::ObjectId 类的插入对象的 ObjectId。

2. 读取操作

在集合级别查找文档的方式与创建文档的方式相同。

```
@ collection.find({isbn:'101'})
```

可以链接多个搜索条件，它们等同于 SQL 中的 AND 操作符。

```
@ collection.find({isbn:'101',name:'Mastering MongoDB'})
```

mongo-ruby-driver 提供了若干个查询选项来增强查询，表 4.1 列出了其中应用最广泛的一些查询。

表 4.1　应用最广泛的 mongo-ruby-driver 查询选项

选　　项	说　　明
allow_partial_results	该选项适合于和分片集群一起使用。如果分片已宕机，则它允许查询返回分片正常运行时的结果，可能只获得部分结果
batch_size(Integer)	可以更改游标从 MongoDB 获取的批量大小。这是在每个 GETMORE 操作上完成的（例如，在 mongo shell 上键入它）
comment(String)	使用此命令可以在查询中添加注释，以说明原因
hint(Hash)	可以使用 hint() 强制使用索引
limit(Integer)	可以将结果集限制为 Integer 指定的文档数
max_scan(Integer)	可以限制要扫描的文档数量。这将返回不完整的结果，如果开发人员要执行的操作必须保证它们不会花费很长时间，例如，如果要连接到生产数据库，那么这将非常有用
no_cursor_timeout	如果不指定此参数，那么 MongoDB 将在 600 秒后关闭任何非活动游标。使用此参数之后，游标永远不会被关闭
projection(Hash)	可以使用此参数从结果中获取或排除特定属性。这将减少通过线路的数据传输。示例如下： client [:books].find.projection(:price => 1)
read(Hash)	可以指定只对此查询应用的读取首选项： client[:books].find.read(:mode =>: secondary_preferred)
show_disk_loc(Boolean)	如果出于某种原因想在磁盘上找到结果的实际位置，应该使用这个选项
skip(Integer)	跳过指定数量的文档。对结果的分页很有用
snapshot	在快照模式下执行查询。当开发人员想要更严格的一致性时，这很有用
sort(Hash)	可以用它来对结果进行排序。例如： client[:books].find.sort(:name => -1)

在查询选项之上，mongo-ruby-driver 提供了一些可以在方法调用级别链接的辅助函数，具体如下所示。

● count：前一个查询的总计数。

● distinct(:field_name)：通过 :FIELD_NAME 区分前面查询的结果。

Find() 将返回一个包含结果集的游标，开发人员可以像其他对象一样在 Ruby 中使用 .each 进行迭代。

```
result = @collection.find({ isbn: '101' })
result.each do |doc|
    puts doc.inspect
end
```

books 集合的输出如下所示。

```
{"_id"=>BSON::ObjectId('592149c4aabac953a3a1e31e'), "isbn"=>"101",
"name"=>"Mastering MongoDB", "price"=>30.0, "published"=>2017-06-25
00:00:00 UTC}
```

3. 在 find() 中链接操作

默认情况下，find() 将使用 AND 操作符来匹配多个字段。如果想要使用 OR 操作符，则查询需要如下所示。

```
result = @collection.find('$or' => [{ isbn: '101' }, { isbn: '102' }]).
to_a
puts result
{"_id"=>BSON::ObjectId('592149c4aabac953a3a1e31e'), "isbn"=>"101",
"name"=>"Mastering MongoDB", "price"=>30.0, "published"=>2017-06-25
00:00:00 UTC}{"_id"=>BSON::ObjectId('59214bc1aabac954263b24e0'),
"isbn"=>"102", "name"=>"MongoDB in 7 years", "price"=>50.0,
"published"=>2017-06-26 00:00:00 UTC}
```

在上面的例子中，也可以使用 $and 而不是 $or。

```
result = @collection.find('$and' => [{ isbn: '101' }, { isbn: '102'
}]).to_a
puts result
```

使用 $and 表示同时需要匹配多个字段，而使用 $or 则意味着只需要匹配任意一个字段。所以，上面的示例当然不会返回任何结果，因为没有文档可以同时具有 101 和 102 两个 isbn。

如果多次定义相同的键，则会发现一个非常有趣而且难以找到的错误，如下所示。

```
result = @collection.find({ isbn: '101', isbn: '102' })
puts result

{"_id"=>BSON::ObjectId('59214bc1aabac954263b24e0'), "isbn"=>"102",
"name"=>"MongoDB in 7 years", "price"=>50.0, "published"=>2017-06-26
00:00:00 UTC}
```

而相反的顺序将导致返回具有 isbn 为 101 的文档。

```
result = @collection.find({ isbn: '102', isbn: '101' })
puts result

{"_id"=>BSON::ObjectId('592149c4aabac953a3a1e31e'), "isbn"=>"101",
"name"=>"Mastering MongoDB", "price"=>30.0, "published"=>2017-06-25
00:00:00 UTC}
```

ⓘ 这是因为，在 Ruby 哈希中，默认情况下会忽略除最后一个键之外的所有重复键。这可能不会以前面示例中显示的简单形式发生，但如果以编程方式创建键，则很容易发生。

4. 嵌套操作

在 mongo-ruby-driver 中访问嵌入式文档就像使用点表示法（Dot Notation）一样简单。

```
result = @collection.find({'meta.authors': 'alex giamas'}).to_a
puts result

"_id"=>BSON::ObjectId('593c24443c8ca55b969c4c54'), "isbn"=>"201",
"name"=>"Mastering MongoDB, 2nd Edition", "meta"=>{"authors"=>"alex
giamas"}}
```

ⓘ 开发人员需要将键名括在单引号（''）中以访问嵌入对象，就像需要用于以 $ 开头的操作一样，例如 '$set'。

5. 更新

使用 mongo-ruby-driver 更新文档会被链接在一起以找到它们。例如，使用前面示例中的 books 集合，可以执行以下操作。

```
@collection.update_one( { 'isbn': 101}, { '$set' => { name: 'Mastering
MongoDB, 2nd Edition' } } )
```

这将找到包含 isbn 为 101 的文档，并将其 name（书名）更改为 Mastering MongoDB, 2nd Edition。

与 update_one 类似，开发人员也可以使用 update_many 更新通过该方法的第一个参数检索的多个文档。

💡 如果不使用 $set 操作符，则文档的内容将被新文档替换。

如果 Ruby 的版本是在 2.2 以后（包括 2.2 版），则键的引号可加可不加，但是以 $ 开头的键仍需要引号，如下所示。

```
@collection.update( { isbn: '101'}, { "$set": { name: "Mastering
MongoDB, 2nd edition" } } )
```

更新的结果对象将包含有关操作的信息，包括以下方法。

● ok?：一个布尔值，显示操作是否成功。
● matched_count：匹配查询的文档数。
● modified_count：受影响的文档数（已更新）。
● upserted_count：如果操作包括 $set，则更新并插入文档的数量。upsert 的名字其实是一个很有趣的混合体，它等于 update+insert，即更新并插入。
● upserted_id：更新并插入的文档的唯一 ObjectId（如果有的话）。

请注意，如果被修改的字段具有常量数据大小，那么它们的更新将在原地发生，这意味着它们不会将文档从其在磁盘上的物理位置移动到另一个位置。常见的原地更新操作如在 Integer 和 Date 字段中的 $inc 和 $set 操作等。

有些更新可能会增加文档大小，这样的更新可能会导致文档从其磁盘上的物理位置移动到文件末尾的新位置。在这种情况下，查询可能多次错过或返回文档。为了避免这种情况发生，可以在查询时使用 $snapshot:true。

6. 删除

删除文档与查找文档的工作方式类似。开发人员需要先找到文档然后应用删除操作。仍以前面使用的 books 集合为例，可以发出以下命令。

```
@collection.find( { isbn: '101' } ).delete_one
```

这将删除单个文档。在上面的例子中，由于 isbn 对于每个文档都是唯一的，因此这是可以预期的。如果 find() 子句匹配了多个文档，那么 delete_one 将仅删除 find() 返回的第一个文档，而这可能是我们想要的，也可能不是我们想要的。

> 🅣🅘🅟 如果开发人员使用 delete_one 时查询匹配了多个文档，那么结果可能不是开发人员所预期的。

要删除与 find() 查询匹配的所有文档，可以使用 delete_many 而不是 delete_one，具体如下所示。

```
@collection.find( { price: { $gte: 30 } ).delete_many
```

在上面的示例中，将删除价格大于或等于 30 的所有图书。

7. 批量操作

开发人员可以使用 BulkWrite API 进行批处理操作。在之前的插入许多文档的示例中，可以按以下方式操作。

```
@collection.bulk_write([ { insertMany: documents
                         }],
                  ordered: true)
```

BulkWrite API 可以采用以下参数。

- insertOne
- updateOne
- updateMany
- replaceOne
- deleteOne
- deleteMany

即使开发人员指定的过滤器与多个文档匹配，这些命令的 One 版本也将插入 / 更新 / 替换 / 删除（insert/update/replace/delete）单个文档。在这种情况下，使用与单个文档匹配的过滤器以避免意外行为非常重要。

在 bulk_write 命令的第一个参数中包含若干个操作也是可能的，也是一个完全有效的用例。这允许开发人员在具有彼此依赖的操作时按顺序发出命令，在这种情况下，这些操作将依照开发人员的期望，根据业务逻辑按一定的顺序进行批处理。任何错误都将停止 ordered:true 的批量写入，并且开发人员将需要手动回滚操作。一个值得注意的例外是 writeConcern 错误，例如，请求大多数副本集成员确认写入操作。在这种情况下，批量写入将遍历操作，而开发人员也可以在 writeConcernErrors 结果字段中观察到可能出现的错误。

```
old_book = @collection.findOne(name: 'MongoDB for experts')
new_book = { isbn: 201, name: 'MongoDB for experts, 2nd Edition',
price: 55
}
@collection.bulk_write([ {deleteOne: old_book}, { insertOne: new_book
                         }],
                  ordered: true)
```

在上面的示例中，开发人员需要确保在添加 MongoDB for experts, 2nd Edition 新版图书（当然也更贵）之前删除了原来的图书。

BulkWrite 最多可批量处理 1000 个操作。如果命令中有超过 1000 个基础操作，则这些操作将以 1000 为基础分批。如果可以的话，尝试将写操作保持为单独的一批是一种很好的做法，这样可以避免出现意外。

4.1.2　在 Mongoid 中的 CRUD 操作

本节将使用 Mongoid 来执行 create/read/update/delete 操作。所有代码也可以在 GitHub 上获得。

```
https://github.com/agiamas/mastering-mongodb/tree/master/chapter_4
```

1．读取操作

在本书第 2 章 "模式设计和数据建模" 中，已经介绍了如何安装、连接和设置模型，包括继承 Mongoid。接下来，本节将介绍最常见的 CRUD 用例。

使用领域特定语言（Domain-Specific Language，DSL）查找文档的方法和 Active Record 是相似的，如下所示。

```
Book.find( '592149c4aabac953a3a1e31e')
```

这将通过 ObjectId 找到并返回带有 isbn 为 101 的文档，这和按 name（书名）属性查询是一样的。

```
Book.where(name: 'Mastering MongoDB')
```

要以类似于按属性动态生成的活动记录的方式查询，则可以使用 Helper。

```
Book.find_by(name: 'Mastering MongoDB')
```

这将按属性名称查询，和上一个查询是一样的。

开发人员应该启用 QueryCache 以避免多次相同的查询命中数据库，如下所示。

```
Mongoid :: QueryCache.enabled = true
```

这可以添加到想要启用它的任何代码块中，也可以添加到 Mongoid 的初始化程序中。

2．范围查询

可以使用类方法在 Mongoid 中查询范围。

```
Class Book
...
    def self.premium
        where(price: {'$gt': 20})
```

```
    end
End
```

然后调用该方法。

```
Book.premium
```

它将查询价格大于 20 的图书。

3．创建、更新和删除

用于创建文档的 Ruby 接口和 Active Record 是类似的。

```
Book.where(isbn: 202, name: 'Mastering MongoDB, 3rd Edition').create
```

如果创建失败，将返回错误。

如果保存文档失败，则开发人员可以使用 bang 版本来强制引发异常。

```
Book.where(isbn: 202, name: 'Mastering MongoDB, 3rd Edition').create!
```

从 Mongoid 版本 6.x 开始，不再支持批量写入 API。解决方法是使用 mongo-ruby-driver API，它不会使用 mongoid.yml 配置或自定义验证，或者开发人员也可以使用 insert_many([array_of_documents])，它将逐个插入文档。

要更新文档，可以使用 update 或 update_all。update 将仅更新查询部分检索到的第一个文档，而 update_all 则将更新所有检索到的文档。

```
Book.where(isbn: 202).update(name: 'Mastering MongoDB, THIRD Edition')
Book.where(price: { '$gt': 20 }).update_all(price_range: 'premium')
```

删除文档与创建文档类似，它提供了 delete 以跳过回调（Callback），如果开发人员想要在受影响的文档中执行任何可用的回调，则可以使用 destroy。

delete_all 和 destroy_all 则是相应地删除多个文档的便捷方法。

> 💡 应尽可能避免使用 destroy_all，因为它会将所有文档加载到内存中以执行回调，因此它可能是内存密集型的。

4.1.3　使用 Python 驱动程序执行 CRUD 操作

PyMongo 是 MongoDB 官方支持的 Python 驱动程序。本节将使用 PyMongo 在 MongoDB 中 create/read/update/delete 文档。

1．创建和删除

Python 驱动程序提供了 CRUD 操作的方法，这与 Ruby 和 PHP 是一样的。仍然使用本书第 2 章"架构设计和数据建模"中的示例，假设 books 变量指向了 books 集合，则可以有以下图书。

```
from pymongo import MongoClient
from pprint import pprint

>>> book = {
    'isbn': '301',
    'name': 'Python and MongoDB',
    'price': 60
}
>>> insert_result = books.insert_one(book)
>>> pprint(insert_result)

<pymongo.results.InsertOneResult object at 0x104bf3370>

>>> result = list(books.find())
>>> pprint(result)

[{u'_id': ObjectId('592149c4aabac953a3a1e31e'),
u'isbn': u'101',
u'name': u'Mastering MongoDB',
u'price': 30.0,
u'published': datetime.datetime(2017, 6, 25, 0, 0)},
{u'_id': ObjectId('59214bc1aabac954263b24e0'),
u'isbn': u'102',
u'name': u'MongoDB in 7 years',
u'price': 50.0,
u'published': datetime.datetime(2017, 6, 26, 0, 0)},
{u'_id': ObjectId('593c24443c8ca55b969c4c54'),
u'isbn': u'201',
u'meta': {u'authors': u'alex giamas'},
u'name': u'Mastering MongoDB, 2nd Edition'},
{u'_id': ObjectId('594061a9aabac94b7c858d3d'),
u'isbn': u'301',
u'name': u'Python and MongoDB',
u'price': 60}]
```

在上面的示例中，我们使用了 insert_one() 插入单个文档，该文档可以使用 Python

字典表示法（Dictionary Notation）来定义，然后可以查询集合中的所有文档。

insert_one 和 insert_many 的结果对象有两个有意思的字段。

● Acknowledged：这是一个布尔值。如果插入成功则为 true，如果不成功或者写入关注为 0（激活并忘记写入）则为 false。

● insert_one 的 insert_id：这是写入文档的 ObjectId。此外还有 insert_many 的 inserted_ids：这是写入文档的 ObjectIds 数组。

在上面的示例中，使用了 pprint 库来打印 find() 结果。遍历迭代结果集的内置方法如下所示。

```
for document in results:
    print(document)
```

删除文档与创建文档类似。开发人员可以使用 delete_one 删除匹配查询的第一个实例，或使用 delete_many 删除匹配查询的所有实例。

```
>>> result = books.delete_many({ "isbn": "101" })
>>> print(result.deleted_count)
1
```

deleted_count 可以告诉开发人员删除了多少文档。在上面的例子中，即使我们使用 delete_many 方法，deleted_count 的结果也是 1。

要删除集合中的所有文档，可以传入空文档 {}。

要删除集合，可以使用 drop()。

```
>>> books.delete_many({})
>>> books.drop()
```

2．查找文档

要根据顶级属性查找文档，可以简单地使用字典。

```
>>> books.find({"name": "Mastering MongoDB"})

[{u'_id': ObjectId('592149c4aabac953a3a1e31e'),
    u'isbn': u'101',
    u'name': u'Mastering MongoDB',
    u'price': 30.0,
    u'published': datetime.datetime(2017, 6, 25, 0, 0)}]
```

要在嵌入式文档中查找文档，可以使用点表示法（Dot Notation）。在下面的示例中，使用了 meta.authors 访问元文档中的 authors 嵌入文档。

```
>>> result = list(books.find({"meta.authors": {"$regex": "aLEx",
"$options": "i"}}))
>>> pprint(result)

[{u'_id': ObjectId('593c24443c8ca55b969c4c54'),
    u'isbn': u'201',
    u'meta': {u'authors': u'alex giamas'},
    u'name': u'Mastering MongoDB, 2nd Edition'}]
```

在上面这个例子中，使用了正则表达式来匹配 aLEx，并且不区分大小写，它将匹配在 meta.authors 嵌入文档中找到该字符串的每个文档。PyMongo 将此表示法用于正则表达式查询，这在 MongoDB 文档中称为 $regex 表示法。第二个参数是 $regex 的 options 参数，本章后面的"使用正则表达式"一节中对此有详细解释。

比较操作符也是受支持的，其完整列表将在本章后面的第 4.1.7 节"比较操作符"中给出。比较操作符的示例如下。

```
>>> result = list(books.find({ "price": {   "$gt":40 } }))
>>> pprint(result)

[{u'_id': ObjectId('594061a9aabac94b7c858d3d'),
    u'isbn': u'301',
    u'name': u'Python and MongoDB',
    u'price': 60}]
```

在查询中添加多个词典会产生逻辑 AND 查询。

```
>>> result = list(books.find({"name": "Mastering MongoDB", "isbn":
"101"}))
>>> pprint(result)

[{u'_id': ObjectId('592149c4aabac953a3a1e31e'),
    u'isbn': u'101',
    u'name': u'Mastering MongoDB',
    u'price': 30.0,
    u'published': datetime.datetime(2017, 6, 25, 0, 0)}]
```

对于同时具有 isbn = 101 和 name = Mastering MongoDB 的图书，要使用 $or 和 $and 之类的逻辑操作符，必须遵守以下语法。

```
>>> result = list(books.find({"$or": [{"isbn": "101"}, {"isbn":
"102"}]}))
>>> pprint(result)
```

```
[{u'_id': ObjectId('592149c4aabac953a3a1e31e'),
    u'isbn': u'101',
    u'name': u'Mastering MongoDB',
    u'price': 30.0,
    u'published': datetime.datetime(2017, 6, 25, 0, 0)},
{u'_id': ObjectId('59214bc1aabac954263b24e0'),
    u'isbn': u'102',
    u'name': u'MongoDB in 7 years',
    u'price': 50.0,
    u'published': datetime.datetime(2017, 6, 26, 0, 0)}]
```

对于拥有 isbn 为 101 或 102 的书籍，如果开发人员想要组合 AND 和 OR 操作符，必须使用 $and 操作符，如下所示。

```
>>> result = list(books.find({"$or": [{"$and": [{"name": "Mastering
MongoDB", "isbn": "101"}]}, {"$and": [{"name": "MongoDB in 7 years",
"isbn": "102"}]}]}))
>>> pprint(result)
[{u'_id': ObjectId('592149c4aabac953a3a1e31e'),
    u'isbn': u'101',
    u'name': u'Mastering MongoDB',
    u'price': 30.0,
    u'published': datetime.datetime(2017, 6, 25, 0, 0)},
{u'_id': ObjectId('59214bc1aabac954263b24e0'),
    u'isbn': u'102',
    u'name': u'MongoDB in 7 years',
    u'price': 50.0,
    u'published': datetime.datetime(2017, 6, 26, 0, 0)}]
```

对于两个查询之间的 OR 结果分析如下。

● 第一个查询是要求匹配 isbn = 101 AND name = Mastering MongoDB 的文档。

● 第二个查询是要求匹配 isbn = 102 AND name = MongoDB in 7 years 的文档。

● 结果取这两个数据集的并集（Union）。

3．更新文档

更新文档示例如下。

```
>>> result = books.update_one({"isbn": "101"}, {"$set": {"price":
100}})
>>> print(result.matched_count)
1
```

```
>>> print(result.modified_count)
1
```

与插入文档类似，更新时可以使用 update_one 或 update_many。

● 第一个参数是用于匹配将要更新的文档的过滤器文档。

● 第二个参数是要应用于匹配文档的操作。

● 第三个（可选）参数是 upsert = false（默认值）或 true，用于创建新文档（如果找不到）。

另一个有趣的参数是可选的 bypass_document_validation=false（默认值）或 true。这将忽略对集合中文档的验证（如果有的话）。

结果对象将具有与筛选查询匹配的文档数（matched_count），以及受查询的 update 部分影响的文档数（modified_count）。

在上面的例子中，为第一本 isbn=101 的图书设置了 price = 100（使用了 $set 更新操作符）。所有更新操作符的列表详见本章第 4.1.8 节 "更新操作符"。

> 如果不使用更新操作符作为第二个参数，则匹配文档的内容将完全被新文档所替换。

4.1.4　使用 PyMODM 执行 CRUD 操作

PyMODM 是一个核心 ODM，提供简单和可扩展的功能。它由 MongoDB 的工程师开发和维护，他们可以获得最新的稳定版 MongoDB 的快速更新和支持。

在本书第 2 章 "模式设计和数据建模" 中，详细介绍了如何定义不同的模型并连接到 MongoDB。与使用其他的 ODM 一样，使用 PyMODM 时的 CRUD 操作比使用低级驱动程序时更简单。

1．创建文档

在第 2 章 "模式设计和数据建模" 中定义了一个新的 user 对象，在这里使用单行命令同样可以创建。如下所示。

```
>>> user = User('alexgiamas@packt.com', 'Alex', 'Giamas').save()
```

在这个例子中，使用的位置性参数与它们在 user 模型中定义的顺序相同，以便将值分配给 user 模型属性。

也可以使用关键字参数或混合使用这两种方式，如下所示。

```
>>> user = User(email='alexgiamas@packt.com', 'Alex',
last_name='Giamas').save()
```

还可以通过将一个用户数组传递给 bulk_create() 来进行批量保存。

```
>>> users = [ user1, user2,...,userN]
>>> User.bulk_create(users)
```

2. 更新文档

可以通过直接访问属性并再次调用 save() 来修改文档。

```
>>> user.first_name ='Alexandros'
>>> user.save()
```

如果想要更新一个或多个文档，必须使用 raw() 来过滤掉将受影响的文档，并连接 update() 来设置新值。

```
>>> User.objects.raw({'first_name': {'$exists': True}})
        .update({'$set': {'updated_at': datetime.datetime.now()}})
```

在上面的示例中，我们将搜索具有 first_name 的所有 user 文档，并将新字段 updated_at 设置为当前时间戳。raw() 方法的结果是 QuerySet，这是 PyMODM 中用于处理查询和批量操作文档的类。

3. 删除文档

删除 API 类似于更新，它将使用 QuerySet 查找受影响的文档，然后链接 .delete() 方法以删除它们。

```
>>> User.objects.raw({'first_name': {'$exists': True}}).delete()
```

在本书撰写时（2017 年 6 月）仍然不支持 BulkWrite API，并且相关的 PYMODM-43 许可（Ticket）已经开放。诸如 bulk_create() 之类的方法将在底层使用，可以给数据库发出多个命令。

4. 查询文档

和前面介绍的 update 和 delete 操作一样，有关查询文档的操作也可以使用 QuerySet 来完成。

以下是一些可用的比较方便的方法。

- all()
- count()

- first()
- exclude(* fields)：从结果中排除某些字段
- only(*fields)：仅包含结果中的某些字段（这可以链接到字段的并集）
- limit(limit)
- order_by(ordering)
- reverse()：使用它可以反转 order_by() 的顺序
- skip(number)
- values()：返回 Python dict 实例而不是模型实例

通过使用 raw()，开发人员可以使用在 PyMongo 部分中介绍的相同查询方法来进行查询，并仍然可以利用 ODM 层提供的灵活性和便捷性方法。

4.1.5　使用 PHP 驱动程序执行 CRUD 操作

在 PHP 中，有一个名为 mongo-php-library 的新驱动程序，它可以用来代替不再推荐使用的 MongoClient。本书第 2 章 "模式设计和数据建模" 中已经阐述了其整体架构。本节将介绍该 API 的更多细节，以及如何使用它执行 CRUD 操作。

1．创建和删除

使用 PHP 驱动程序执行创建和删除操作的示例如下。

```
$document = array( "isbn" => "401", "name" => "MongoDB and PHP" );
$result = $collection->insertOne($document);
var_dump($result);
```

以下是其输出。

```
MongoDB\InsertOneResult Object
(
    [writeResult:MongoDB\InsertOneResult:private] =>
MongoDB\Driver\WriteResult Object
        (
            [nInserted] => 1
            [nMatched] => 0
            [nModified] => 0
            [nRemoved] => 0
            [nUpserted] => 0
            [upsertedIds] => Array
                (
                )
```

```
        [writeErrors] => Array
            (
            )

        [writeConcernError] =>
        [writeConcern] => MongoDB\Driver\WriteConcern Object
            (
            )

    )

    [insertedId:MongoDB\InsertOneResult:private] => MongoDB\BSON\
ObjectID Object
        (
            [oid] => 5941ac50aabac9d16f6da142
        )

    [isAcknowledged:MongoDB\InsertOneResult:private] => 1
)
```

　　这个相当冗长的输出包含了开发人员可能需要的所有信息。可以获得的信息包括：
已插入文件的 ObjectId；以前缀 n 开头的字段则分别表示已插入、已匹配、已修改、已
删除和已更新并插入的文档的数量；以及有关 writeError 或 writeConcernError 的信息。

　　要获取这些信息，在 $result 对象中还有以下便捷方法。

● $result-> getInsertedCount()：获取插入对象的数量。

● $result-> getInsertedId()：获取插入文档的 ObjectId。

　　也可以使用 -> insertMany() 方法一次插入多个文档，如下所示。

```
$documentAlpha = array( "isbn" => "402", "name" => "MongoDB and PHP,
2nd
Edition" );
$documentBeta  = array( "isbn" => "403", "name" => "MongoDB and PHP,
revisited" );
$result = $collection->insertMany([$documentAlpha, $documentBeta]);

print_r($result);
```

其结果如下所示。

```
(
    [writeResult:MongoDB\InsertManyResult:private] =>
```

```
MongoDB\Driver\WriteResult Object
    (
        [nInserted] => 2
        [nMatched] => 0
        [nModified] => 0
        [nRemoved] => 0
        [nUpserted] => 0
        [upsertedIds] => Array
            (
            )

        [writeErrors] => Array
            (
            )

        [writeConcernError] =>
        [writeConcern] => MongoDB\Driver\WriteConcern Object
            (
            )

    )

    [insertedIds:MongoDB\InsertManyResult:private] => Array
        (
            [0] => MongoDB\BSON\ObjectID Object
                (
                    [oid] => 5941ae85aabac9d1d16c63a2
                )

            [1] => MongoDB\BSON\ObjectID Object
                (
                    [oid] => 5941ae85aabac9d1d16c63a3
                )

        )

    [isAcknowledged:MongoDB\InsertManyResult:private] => 1
)
```

　　同样，$result->getInsertedCount() 将返回 2，而 $result->getInsertedIds() 将返回一个数组，其中包含新创建的 ObjectID。

```
array(2) {
    [0]=>
    object(MongoDB\BSON\ObjectID)#13 (1) {
        ["oid"]=>
        string(24) "5941ae85aabac9d1d16c63a2"
    }
    [1]=>
    object(MongoDB\BSON\ObjectID)#14 (1) {
        ["oid"]=>
        string(24) "5941ae85aabac9d1d16c63a3"
    }
}
```

删除文档的操作类似于插入操作，但使用的是 deleteOne() 和 deleteMany() 方法，以下是 deleteMany() 的一个示例。

```
$deleteQuery = array( "isbn" => "401");
$deleteResult = $collection->deleteMany($deleteQuery);
print_r($result);
print($deleteResult->getDeletedCount());
```

以下是其输出。

```
MongoDB\DeleteResult Object
(
    [writeResult:MongoDB\DeleteResult:private]=>
MongoDB\Driver\WriteResult Object
        (
            [nInserted] => 0
            [nMatched] => 0
            [nModified] => 0
            [nRemoved] => 2
            [nUpserted] => 0
            [upsertedIds] => Array
                (
                )

            [writeErrors] => Array
                (
                )

            [writeConcernError] =>
            [writeConcern] => MongoDB\Driver\WriteConcern Object
```

```
        (
        )

    )

    [isAcknowledged:MongoDB\DeleteResult:private] => 1
)
2
```

在此示例中，使用了 ->getDeletedCount() 来获取受影响文档的数量，这些文档将在输出的最后一行打印出来。

2．批量写入

新的 PHP 驱动程序支持批量写入接口，以最大限度地减少对 MongoDB 的网络调用，具体示例如下。

```
$manager = new MongoDB\Driver\Manager('mongodb://localhost:27017');
$bulk = new MongoDB\Driver\BulkWrite(array("ordered" => true));
$bulk->insert(array( "isbn" => "401", "name" => "MongoDB and PHP" ));
$bulk->insert(array( "isbn" => "402", "name" => "MongoDB and PHP, 2nd
Edition" ));
$bulk->update(array("isbn" => "402"), array('$set' => array("price" =>
15)));
$bulk->insert(array( "isbn" => "403", "name" => "MongoDB and PHP,
revisited" ));


$result = $manager->executeBulkWrite('mongo_book.books', $bulk);
print_r($result);
```

其结果如下所示。

```
MongoDB\Driver\WriteResult Object
(
    [nInserted] => 3
    [nMatched] => 1
    [nModified] => 1
    [nRemoved] => 0
    [nUpserted] => 0
    [upsertedIds] => Array
        (
        )
```

```
[writeErrors] => Array
    (
    )


[writeConcernError] =>
[writeConcern] => MongoDB\Driver\WriteConcern Object
    (
    )

)
```

在上面的示例中，以有序的方式执行了两个 insert、一个 update 和第三个 insert。WriteResult 对象包含总共 3 个插入的文档和一个已修改的文档。

批量写入与简单的创建/删除查询相比的主要区别是 executeBulkWrite() 是 MongoDB\Driver\Manager 类的一种方法，该类在第一行实例化。

3. 读取操作

查询接口类似于插入和删除操作，它将使用 findOne() 和 find() 方法，以检索查询的第一个结果或所有查询的结果。

```
$document = $collection->findOne(array("isbn" => "101"));
$cursor = $collection->find( array( "name" => new
MongoDB\BSON\Regex("mongo", "i")));
```

在上面的第二个示例中，使用了正则表达式来搜索值为 mongo（不区分大小写）的 name（键名）。

可以使用点表示法来查询嵌入式文档。这与本章前面讨论过的其他语言是一样的，具体如下所示。

```
$cursor = $collection-> find(array('meta.price'=> 50));
```

这样做是为了查询 meta 键字段内的嵌入式文档 price。

与 Ruby 和 Python 语言类似，在 PHP 中也可以使用比较操作符进行查询，其使用方法如下所示。

```
$cursor = $collection->find(array('price' => array('$gte'=> 60)));
```

本章第 4.1.7 节 "比较操作符" 中提供了 PHP 驱动程序支持的完整比较操作符列表。

使用多个键-值对（Key-Value Pairs）进行查询实际上是隐式 AND，而使用 $or、$in、$nin 或 AND（$and）结合 $or 的查询则可以通过嵌套查询实现。

```
$cursor = $collection->find( array( '$or' => array(
                                    array("price" => array
('$gte'=> 60)),
                                    array("price" => array
('$lte'=> 20))
                                    )));
```

上述示例是查找 price> = 60 或 price<= 20 的文档。

4．更新操作

更新文档与 ->updateOne() 或 ->updateMany() 方法具有类似的接口。

第一个参数是用于查找文档的查询，第二个参数将更新文档。

开发人员可以使用本章第 4.1.8 节"更新操作符"介绍的任何更新操作符进行更新或指定新文档以完全替换查询中的文档。

```
$result = $collection->updateOne(
     array("isbn" => "401"),
        array( '$set' => array( "price" => 39))
);
```

> 💡 开发人员可以对键名使用单引号或双引号，但如果有以 $ 开头的特殊操作符，则需要使用单引号。例如，可以使用 array("key" =>" value") 或 ["key" =>" value"]。推荐使用本书中更明确的 array() 表示法。

值得注意的是，->getMatchedCount() 和 ->getModifiedCount() 方法将返回查询部分中匹配的文档数或从查询中修改的文档数。如果新值与文档的现有值相同，则不会将其统计为已修改。

4.1.6　使用 Doctrine 执行 CRUD 操作

继本书第 2 章"模式设计和数据建模"中的 Doctrine 示例之后，本节将研究这些 CRUD 操作的模型。

1．创建、更新和删除

创建文档可以分为两个步骤。首先，需要创建文档并设置其属性值，示例如下。

```
$book = new Book();
```

```
$book->setName('MongoDB with Doctrine');
$book->setPrice(45);
```

然后，要求 Doctrine 在下一次 flush() 调用中保存 $ book。

```
$dm->persist($book);
```

也可以通过手动调用 flush() 强制保存。

```
$dm->flush();
```

在以下示例中，$dm 是一个 DocumentManager 对象，可以用它来连接到 MongoDB 实例，具体如下所示。

```
$dm = DocumentManager::create(new Connection(), $config);
```

更新文档就像为属性赋值一样简单。

```
$book->price = 39;
$book->persist($book);
```

上面的示例可以将 MongoDB with Doctrine 这本书的价格保持为新价格 39。

原地更新文档可使用 QueryBuilder 接口。

Doctrine 提供了若干个原子更新的辅助方法，如下所示。

- set($name, $value, $atomic = true)
- setNewObj($newObj)
- inc($name, $value)
- unsetField($field)
- push($field, $value)
- pushAll($field, array $valueArray)
- addToSet($field, $value)
- addManyToSet($field, array $values)
- popFirst($field)
- popLast($field)
- pull($field, $value)
- pullAll($field, array $valueArray)

默认情况下，update 将更新查询找到的第一个文档。如果想要更改多个文档，需要使用 ->updateMany()，如下所示。

```
$dm->createQueryBuilder('Book')
```

```
->updateMany()
->field('price')->set(69)
->field('name')->equals('MongoDB with Doctrine')
->getQuery()
->execute();
```

在上面的示例中，name ='MongoDB with Doctrine' 的书的价格被设置为 69。在下一节"读取操作"中将详细列出 Doctrine 的比较操作符列表。

开发人员可以链接多个比较操作符，从而产生 AND 查询和多个辅助方法，最终导致对多个字段的更新。

删除文档与创建文档的方式类似。

```
$dm->remove($book);
```

删除多个文档最好使用 QueryBuilder 完成。

```
$qb = $dm->createQueryBuilder('Book');
$qb->remove()
  ->field('price')->equals(50)
  ->getQuery()
  ->execute();
```

2. 读取操作

Doctrine 提供了一个 QueryBuilder 接口来为 MongoDB 构建查询。鉴于我们已经按照本书第 2 章"架构设计和数据建模"中的说明定义了模型，因此，可以按如下方式获取一个名为 $qb 的 QueryBuilder 实例，获取默认的查找全部查询并执行它。

```
$qb = $dm->createQueryBuilder('Book');
$query = $qb->getQuery();
$books = $query->execute();
```

$books 变量现在在结果集上。包含一个可迭代的延迟数据加载游标（Lazy Data-Loading Cursor）。

在 QueryBuilder 对象上使用 $qb->eagerCursor(true) 将返回一个急切游标（Eager Cursor），一旦开始迭代结果，就从 MongoDB 中获取所有数据。

以下列出了一些用于查询的辅助方法。

● ->getSingleResult()：相当于 findOne()。

● ->select('name')：仅从 books 集合返回 'key' 属性的值，而 ObjectId 则始终会返回。

- ->hint('book_name_idx')：强制查询使用此索引。本书第 6 章"索引"将介绍有关索引的更多信息。
- ->distinct('name')：按名称返回不同的结果。
- ->limit(10)：返回前 10 个结果。
- ->sort('name','desc')：按名称排序（desc 表示降序，asc 表示升序）。

从 MongoDB 获取文档时，Doctrine 使用了水合作用（Hydration）的概念。使用身份映射，它会将 MongoDB 结果缓存到内存中，并在命中数据库之前查阅此映射。通过使用 ->hydration(false) 或按全局方式使用配置，可以对每个查询禁用 Hydration。

开发人员还可以强制 Doctrine 对 $qb 使用 -> refresh()，刷新 MongoDB 查询的身份映射中的数据。

可以与 Doctrine 一起使用的比较操作符如下。

- where($javascript)
- in($values)
- notIn($values)
- equals($value)
- notEqual($value)
- gt($value)
- gte($value)
- lt($value)
- lte($value)
- range($start, $end)
- size($size)
- exists($bool)
- type($type)
- all($values)
- mod($mod)
- addOr($expr)
- addAnd($expr)
- references($document)
- includesReferenceTo($document)

以下就是一个查询示例。

```
$qb = $dm->createQueryBuilder('Book')
          ->field('price')->lt(30);
```

它将返回所有价格低于 30 的图书。

在上面的操作符列表中，addAnd() 看起来似乎是多余的，因为在 Doctrine 中链接多个查询表达式就已经隐含了 AND，但是，如果开发人员想要执行 AND((A OR B), (C OR D))，其中 A、B、C 和 D 都是独立的表达式，那么该操作符很有用。

要使用外部 AND 并且在其他同样复杂的情况下嵌套多个 OR 操作符，则需要使用 ->expr() 将嵌套的 OR 计算为表达式。

```
$expression = $qb->expr()->field('name')->equals('MongoDB with Doctrine')
```

$expression 是一个独立表达式，它可以与 $qb->addOr($expression) 一起使用，这和 addAnd() 类似。

3. 最佳实践

将 Doctrine 与 MongoDB 一起使用的一些最佳实践如下。

● 不要使用不必要的级联（Cascading）。它会影响性能。
● 不要使用不必要的生命周期事件。它会影响性能。
● 不要在类、字段、表或列名中使用非 ASCII 字符等特殊字符，因为 Doctrine 还不是 Unicode 安全的。
● 在模型的构造函数中初始化集合引用。
● 尽可能地限制对象之间的关系。避免模型之间的双向关联，并消除不需要的关联。这有助于提高性能，松散耦合，并生成更简单而且易于维护的代码。

4.1.7　比较操作符

表 4.2 列出了 MongoDB 支持的所有比较操作符。

表 4.2　MongoDB 支持的所有比较操作符

名　称	说　明
$eq	匹配等于指定值的值
$gt	匹配大于指定值的值
$gte	匹配大于或等于指定值的值
$lt	匹配小于指定值的值
$lte	匹配小于或等于指定值的值
$ne	匹配所有不等于指定值的值
$in	匹配数组中指定的任何值
$nin	匹配任何不属于数组中指定值的值

4.1.8　更新操作符

表 4.3 列出了 MongoDB 支持的更新操作符。

表 4.3　MongoDB 支持的更新操作符

名　　称	说　　明
$inc	按指定的数量增加字段的值
$mul	将字段的值乘以指定的量
$rename	重命名字段
$setOnInsert	如果更新导致文档插入，则设置字段的值。它对更新操作和修改现有文档没有影响
$set	设置文档中字段的值
$unset	从文档中删除指定的字段
$min	如果指定的值小于现有字段值，则仅更新字段
$max	仅当指定的值大于现有字段值时才更新字段
$currentDate	将字段的值设置为当前日期，可以作为日期，也可以作为时间戳

4.1.9　智能查询

MongoDB 查询中有若干个开发人员必须要考虑的注意事项。以下是使用正则表达式、查询结果和游标的一些最佳实践，另外还有一些在删除文档时应考虑的事项。

1.　使用正则表达式

MongoDB 提供了一个使用正则表达式进行查询的丰富接口。就最简单的形式来说，开发人员可以通过修改查询字符串在查询中使用正则表达式。

```
> db.books.find({"name": /mongo/})
```

以上示例可以在 books 集合中搜索 name（书名）包含 mongo 的图书。它相当于 SQL 语句中的 LIKE 查询。

🅣 MongoDB 使用了支持 UTF-8 的 Perl 兼容正则表达式（Perl Compatible Regular Expression，PCRE）版本 8.39。

在查询时还可以使用一些选项，如表 4.4 所示。

表 4.4　可用查询选项

选　项	说　　明
i	不区分大小写
m	对于包含锚点的模式（即用 ^ 表示开头，用 $ 表示结尾），在每行的开头或结尾处匹配具有多行值的字符串。如果没有此选项，则这些锚点将匹配字符串的开头或结尾 如果模式不包含锚点或者字符串值没有换行符（例如，\n），则 m 选项无效

在上面的示例中，如果想要搜索 mongo、Mongo、MONGO 和任何其他不区分大小写的变体，就需要使用 i 选项，如下所示。

```
> db.books.find({"name": /mongo/i})
```

或者，开发人员也可以使用 $regex 操作符，它提供了更大的灵活性。

相同的查询如果使用 $regex 操作符，其代码如下所示。

```
> db.books.find({'name': { '$regex': /mongo/ } })
> db.books.find({'name': { '$regex': /mongo/i } })
```

$regex 操作符也有两个可选项，如表 4.5 所示。

表 4.5　$regex 操作符的可选项

选　项	说　　明
x	扩展功能，可忽略 $regex 模式中的所有白色空格（Whitespace）字符，除非转义字符或包含在字符类中 此外，它会忽略未转义的哈希 / 磅（#）字符和下一行之间的字符（含这些字符本身），以便开发人员可以在复杂模式中包含注释。这仅适用于数据字符 白色空格字符可能永远不会出现在模式的特殊字符序列中 x 选项不影响 VT 字符（即代码 11）的处理
s	允许点字符（.）匹配所有字符，包括换行符

需要注意的是，使用正则表达式扩展匹配文档会使开发人员的查询执行速度变慢。

仅当正则表达式将查询已建立索引的字符串的开头，即以 ^ 或 \A 开头的正则表达式时，才需要使用正则表达式的索引。如果只想使用 starts with 正则表达式的查询，则应该避免编写更长的正则表达式，即使它们匹配相同的字符串。

例如：

```
> db.books.find({'name': { '$regex': /mongo/ } })
> db.books.find({'name': { '$regex': /^mongo.*/ } })
```

两个查询都将匹配以 mongo 开头的名称值（区分大小写），但第一个查询将更快，因为它会在每个名称值中碰到第 6 个字符时立即停止匹配。

2. 查询结果和游标

　　MongoDB 缺乏对事务的支持，这意味着开发人员在关系数据库管理系统中认为理所当然的几个语义在 MongoDB 中却有不同的工作方式。

　　如前文所述，更新可以修改文档的大小。修改大小可能导致 MongoDB 将磁盘上的文档移动到存储文件末尾的新位置。

　　当开发人员有多个线程查询和更新单个集合时，最终会在结果集中多次出现文档。这将在以下情形中发生。

- 线程 A 开始查询集合并匹配文档 A1。
- 线程 B 更新文档 A1，增加其大小并强制 MongoDB 将其移动到存储文件末尾的不同物理位置。
- 线程 A 仍然在查询集合。它到达集合的末尾并再次发现了文档 A1 及其新的值。

如图 4.1 所示。

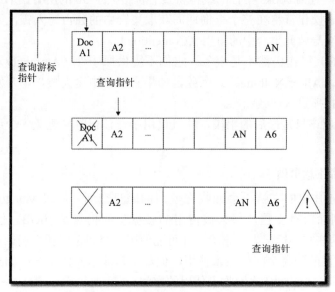

图 4.1　查询指针两次发现文档 A1

　　虽然这种情况很少见，但却可能会在实际生产系统中发生。如果无法在应用层中防止这种情况发生，开发人员可以使用 snapshot() 来阻止它。

　　官方驱动程序和 shell 支持 snapshot()，方法是将其附加到返回游标的操作中。具体如下所示。

```
> db.books.find().snapshot()
```

$snapshot 不能与分片集合一起使用。必须在查询返回第一个文档之前应用 $snapshot，因为快照不能与 hint() 或 sort() 操作符一起使用。

可以通过使用 hint({id：1}) 查询来模拟 snapshot() 行为，从而强制查询引擎像 $snapshot 操作符一样使用 id 索引。

如果开发人员的查询在一个字段的唯一索引上运行，而该字段的值在查询期间不会被修改，则应该使用它来查询以获得相同的查询行为。即使这样，snapshot() 也无法保护我们免受查询中间发生的插入或删除操作。$snapshot 操作符将遍历每个集合在 id 字段上的内置索引，使其本身变慢。它应该只作为最后的手段使用。

如果想要 update、insert 或 delete 多个文档而其他线程没有看到我们正在进行的操作的结果，则可以使用 $isolated 操作符。

```
> db.books.remove({price:{$ gt:30}, $isolated:1})
```

在此示例中，查询 books 集合的线程将查看价格大于 30 的所有图书或根本看不到任何图书。$isolated 操作符将在整个查询期间获取集合中的独占写入锁，无论存储引擎能够支持什么，都会导致此集合中的争用（Contention）。

隔离（Isolate）操作仍然不是事务。它们不提供原子性（Atomicity），即所谓的要么全有要么全无（All-or-Nothing）。因此，如果它们在中途失败，则开发人员需要手动回滚操作以使数据库进入一致状态。

同样，这也应该只是最后的手段，并且仅用于在任何时候避免多个线程看到不一致信息的关键任务。

3. 删除时的存储注意事项

删除 MongoDB 中的文档不会回收它使用的磁盘空间。如果 MongoDB 使用 10 GB 的磁盘空间并删除所有文档，那么被占用的磁盘空间仍然是 10GB。值得一提的是，MongoDB 会将这些文档标记为已删除，并可能使用该空间存储新文档。

这将导致我们的磁盘空间虽然未使用，但却未释放给操作系统。如果想要收归操作系统，则可以使用 compact() 来回收未使用的空间。

```
> db.books.compact()
```

或者，也可以使用选项 --repair 启动 mongod 服务器。

更好的选择是启用压缩，该功能从 3.0 版本开始可用，并且仅可配合 WiredTiger 存储引擎使用。开发人员可以使用 snappy 或 zlib 算法来压缩文档大小。这样就不再会出现存储空洞，但是如果磁盘空间仍然很紧张，则最好还是多使用 repair 和 compact 操作。

存储压缩使用较少的磁盘空间，但需要更高的 CPU 使用率，当然，这种交换在大多数情况下还是值得的。

　　🛈 在运行可能导致灾难性数据丢失的操作之前，请始终进行备份。repair 或
compact 将在单线程中运行，并阻止整个数据库的其他操作。在生产系统中，应该
始终先在从服务器上执行这些操作，然后切换主从角色并 compact 之前的主服务器
（现在是从服务器）的实例。

4.2　小　　结

　　本章使用官方驱动程序和 ODM 结合，详细介绍了使用 Ruby、Python 和 PHP 进行
高级查询的概念。

　　通过使用 Ruby 和 Mongoid ODM，Python 和 PyMODM ODM，PHP 和 Doctrine ODM，
本章以代码示例方式讨论了如何创建、读取、更新和删除文档。

　　本章还介绍了追求性能和最佳实践的批处理操作，并且提供了 MongoDB 使用的比
较操作符和更新操作符的详尽列表。

　　最后，本章还讨论了智能查询、查询工作中的游标、删除时应考虑的存储性能，以
及如何使用正则表达式等。

　　第 5 章将通过一个完整用例学习有关聚合框架的知识，该用例涉及处理以太坊区块
链中的交易数据。

第 5 章　聚　　合

在本书第 4 章"高级查询"中，详细讨论了 Ruby、Python 和 PHP 使用各种驱动程序和框架进行的查询。本章将深入研究聚合框架（Aggregation Framework）以及 MongoDB 所支持的操作符。

为此，我们将通过一个完整的聚合示例来处理来自以太坊区块链的交易数据。完整的源代码可在以下链接获得。

https://github.com/agiamas/mastering-mongodb

本章将要讨论的主题包括以下内容。
- 聚合操作符
- 限制
- 聚合用例

5.1　聚合的用途

MongoDB 在 2.2 版（开发分支为 2.1 版）中引入了聚合框架。它可以作为 MapReduce 框架的替代方案，也可以直接查询数据库。

使用聚合框架，开发人员可以在服务器中执行分组（Group By）操作。因此，可以仅投影（Project）结果集中所需的字段。使用 $match 和 $project 操作符，可以减少通过管道传递的数据量，从而加快数据处理速度。

自我连接（Self-Join），即连接同一集合中的数据，也可以使用聚合框架来执行，在本章用例中将看到其用法。

为了更好地比较聚合框架和通过 shell 或其他各种驱动程序提供的查询，本章对它们都提供了一个用例。

对于选择和投影查询，使用简单查询几乎总是更优的，因为开发、测试和部署聚合框架操作的复杂性不能轻易超过使用内置命令的简单性。例如，使用 (db.books.find({price:50},{price:1,name:1})) 查询文档或不使用 (db.books.find({price:50})) 仅投影部分字段都足够简单而快速，并不一定需要使用聚合框架。

另一方面，如果开发人员想要使用 MongoDB 执行分组和自我连接操作，则可能出现需要聚合框架的情况。MongoDB shell 中 group() 命令最重要的限制是结果集必须容纳到文档中，因此意味着它的大小不能超过 16 MB。此外，任何 group() 命令的结果都不能超过 20000 个结果。最后，group() 不能使用分片的输入集合，这意味着当数据大小增加到一定程度时，无论如何开发人员都要重写查询。

与 MapReduce 相比，聚合框架在功能和灵活性方面有更多的限制。在聚合框架中，开发人员将受到手头可用操作符的限制。从积极的方面来说，聚合框架的 API 比 MapReduce 更易于掌握和使用。就性能方面来说，聚合框架在早期版本的 MongoDB 中比 MapReduce 更快，但在 MapReduce 提高性能之后似乎与其最新版本旗鼓相当。

最后，始终存在将数据库用作数据存储并由应用程序执行复杂操作的情况。这虽然有时可以加快开发速度，但开发人员仍应该尽量避免，因为它很可能会导致在内存、网络和最终的性能上付出成本。

5.2 节将对可用操作符做出详细的解释。

5.2　聚合操作符

本节将解释如何使用聚合操作符（Aggregation Operator）。聚合操作符分为两部分。在每个阶段中，我们使用表达式操作符（Expression Operator）来比较和处理值。在不同的阶段之间，我们使用聚合阶段操作符（Aggregation Stage Operator）来定义将从一个阶段传递到下一个阶段的数据及格式。

5.2.1　聚合阶段操作符

聚合管道由不同阶段组成。这些阶段在数组中声明并按顺序执行，每个阶段的输出是下一个阶段的输入。

需要说明的是，$out 阶段必须是聚合管道的最后阶段，通过替换或添加现有文档，它可以将数据输出到输出集合。

- $group：该操作符通常用于按标识符表达式（Identifier Expression）分组并应用累加器表达式（Accumulator Expression）。它可以为每个不同的组输出一个文档。
- $project：用于文档转换，每个输入文档将输出一个文档。
- $match：用于根据条件从输入中过滤文档。
- $lookup：用于从输入中过滤文档。输入可以是来自左外连接（Outer Left Join）选择的同一数据库中的另一个集合的文档。
- $out：通过替换或添加集合中已存在的文档，将此管道阶段中的文档输出到输出集合。

- $limit：根据条件限制传递到下一个聚合阶段的文档数。
- $count：返回管道在此阶段的文档数。
- $skip：将许多文档跳过传递到管道的下一个阶段。
- $sort：根据条件对文档进行排序。
- $redact：作为项目和匹配的组合，编辑（Redact）每个文档中的选定字段，将它们传递到管道的下一个阶段。
- $unwind：将 n 个元素的数组逐一转换为 n 个文档，数组的一个元素将它们传递给管道的下一个阶段。
- $collStats：返回有关视图或集合的统计信息。
- $indexStats：返回有关集合索引的统计信息。
- $sample：从输入中随机选择指定数量的文档。
- $facet：在单个阶段内组合多个聚合管道。
- $bucket：根据选择条件和存储桶（Bucket）边界将文档拆分为存储桶。
- $bucketAuto：根据选择条件将文档拆分为存储桶，并尝试在存储桶之间均匀分配文档。
- $sortByCount：根据表达式的值对传入文档进行分组，并计算每个存储桶中的文档数。
- $addFields：向文档添加新字段，并输出与输入相同数量的文档，并添加字段。
- $replaceRoot：用指定的字段替换输入文档的所有现有字段（包括 standard_id 字段）。
- $geoNear：根据与指定字段的接近度（Proximity）返回文档的有序列表。输出文档包括计算的 distance 字段。
- $graphLookup：以递归方式搜索一个集合，并在每个输出文档中添加一个包含搜索结果的数组字段。

5.2.2 表达式操作符

在每个阶段中，开发人员都可以定义一个或多个表达式操作符以应用中间计算。

1. 表达式布尔操作符

布尔操作符用于将一个 true 或 false 值传递到聚合管道的下一个阶段。

也可以选择和原始（integer、string 或其他任何类型）值一起传递。

可以像使用任何编程语言一样使用 $and、$or 和 $not 操作符。

2. 表达式比较操作符

比较操作符可以与布尔操作符结合使用，以构造一个表达式，为管道某个阶段的输出评估 true 或 false 值。

以下列出了最常用的比较操作符。

- $eq（相等）
- $ne（不等于）
- $gt（大于）
- $gte（大于或等于）
- $lt（小于）
- $lte（小于或等于）

上述所有操作符都将返回布尔值 true 或 false。

唯一没有返回布尔值的操作符是 $cmp，如果两个参数是等价的，则返回 0；如果第一个值大于第二个值，则返回 1；如果第二个值大于第一个值，则返回 –1。

3. 集合表达式和数组操作符

集合（Set）表达式可以对数组执行集合操作，数组可被视为多个集合。集合表达式将忽略每个输入数组中的重复条目及元素的顺序。

如果集合操作返回一个集合，则该操作会过滤掉结果中的重复项，以输出仅包含唯一条目的数组。在输出数组中元素的顺序未指定。如果集合包含嵌套数组元素，则集合表达式不会下降到嵌套数组中，而是在顶层评估数组。

可用的集合操作符如下所示。

- $setEquals：如果两个集合具有相同的不同元素，则为 true。
- $setIntersection：返回所有输入集合的交集（在所有集合中出现的文档）。
- $setUnion：返回所有输入集合的并集（至少出现在一个集合中的文档）。
- $setDifference：返回出现在第一个输入集合中但未出现在第二个输入集合中的文档。
- $setIsSubset：如果第一个集合中的所有文档都出现在第二个集合中，即使两个集合相同，也将返回 true。
- $anyElementTrue：如果集合中的任何元素被评估为 true，则返回 true。
- $allElementsTrue：如果集合中的所有元素都评估为 true，则返回 true。

可用的数组操作符如下。

- $arrayElemAt：返回数组索引位置的元素。

- $concatArrays：返回一个连接数组。
- $filter：根据指定的条件返回数组的子集。
- $indexOfArray：返回满足搜索条件的数组的索引，如果没有，则返回 –1。
- $isArray：如果输入是数组，则返回 true；否则返回 false。
- $range：根据用户定义的输入，输出包含整数序列的数组。
- $reverseArray：返回一个元素顺序相反的数组。
- $reduce：根据指定的输入，将数组元素减少为单个值。
- $size：返回数组中的项数。
- $slice：返回数组的子集。
- $zip：返回一个合并的数组。
- $in：如果指定的值在数组中，则返回 true；否则返回 false。

4. 表达式日期操作符

当开发人员想要使用管道计算基于星期几/月/年的统计数据时，日期操作符可用于从日期字段中提取日期信息。

- $dayOfYear：用于获取一年中的一天，闰年的天数范围为 1 ～ 366。
- $dayOfMonth：用于获取月中的天数，范围为 1 ～ 31（包括 1 和 31）。
- $dayOfWeek：用于获取星期几，1 是星期日，7 是星期六（按美式星期返回）。
- $isoDayOfWeek：以 ISODate 8601 格式返回工作日数字，其中 1 表示星期一，7 表示星期日。
- $week：返回周的数字，0 表示每年开头的周，53 表示闰年的周。
- $isoWeek：以 ISODate 8601 格式返回周数，1 表示包含星期四的一年中的第一周，如果是闰年的话，则会有 53。
- $year/$month/$hour/$minute/$milliSecond：返回日期的相关部分，以零为基础进行编号，但 $month 返回 1 ～ 12（包括 1 和 12）。
- $isoWeekYear：根据 ISODate 结束的最后一周日期返回 ISO 8601 格式的年份（也就是说，2016/1/1 仍将返回 2015）。
- $second：返回 0 ～ 60（包括闰秒）。
- $dateToString：将日期输入转换为字符串。

5. 表达式字符串运算

与日期操作符类似，当开发人员想要将数据从管道的一个阶段转换到下一个阶段时，可以使用字符串操作符。潜在用例包括预处理文本字段以提取将在管道的后续阶段中使用的相关信息。

- $concat：用于连接字符串。
- $split：用于根据分隔符拆分字符串。如果未找到分隔符，则返回原始字符串。
- $strcasecmp：用于不区分大小写的字符串比较；如果字符串相等则为 0，如果第一个字符串更大则为 1，否则为 -1。
- $toLower/$toUpper：用于将字符串分别转换为全部小写或全部大写。
- $indexOfBytes：用于返回字符串中第一次出现子字符串的字节。
- $strLenBytes：返回输入字符串中的字节数。
- $substrBytes：返回子字符串的指定字节。

计算机在处理字符时要将字符数字化，所以需要对字符进行编码。编码字符集中每个字符都与一个编号对应，这个编号即称为代码点（Code Point）。代码单元（Code Unit）则是指一个已编码文本中具有最短比特组合的单元。如果使用的是 UTF-8，则代码单元为 8 比特；如果使用的是 UTF-16，则代码单元为 16 比特。无论使用的是 UTF-8 还是 UTF-16，代码点都是 Unicode 中的值，处理代码点的等效方法如下。

- $indexOfCP
- $strLenCP
- $substrCP

6. 表达式算术操作符

在管道的每个阶段，都可以应用一个或多个算术操作符来执行中间计算。

- $abs：返回绝对值。
- $add：返回数字的加法结果，或者使用日期 + 数字以获取新日期。
- $ceil/$floor：向上取整（$ceil）和向下取整（$floor）函数。
- $divide：返回两个输入的商。
- $exp：计算自然数 e 指定的指数幂。
- $pow：计算数字指定的指数幂。
- $ln/$log/$log10：计算自然对数（$ln）、自定义底数的对数（$log）或以 10 为底的对数（$log10）。
- $mod：返回求余值。
- $multiply：返回输入的乘积。
- $sqrt：返回输入的平方根值。
- $subtract：从第一个值中减去第二个值的结果。如果两个参数都是日期，则返回它们之间的差值。如果一个参数是日期（必须是第一个参数）而另一个是数字，则返回结果日期。

- $trunc：截断结果值。

7．聚合累加器

累加器可能是使用最广泛的操作符，允许开发人员对组中的每个成员求和、求平均值、获得标准偏差统计量，以及执行其他操作。

- $sum：返回数值的总和，忽略非数值。
- $avg：返回数值的平均值，忽略非数值。
- $first/$last：是通过管道阶段的第一个和最后一个值，仅在组阶段可用。
- $max/$min：获取通过管道阶段的最大值和最小值。
- $push：将在输入数组的末尾添加一个新元素，仅在组阶段可用。
- $addToSet：将向一个数组添加一个元素（仅当它不存在时）并将它视为一个集合，仅在组阶段可用。
- $stdDevPop/$stdDevSamp：获取 $project 或 $match 阶段的总体/样本标准差（Population/Sample Standard Deviation）。

除非另有说明，否则上述累加器可在组或项目管道阶段使用。

8．条件表达式

基于布尔真值测试，条件表达式可用于将不同的数据输出到管道中的下一个阶段。常见的条件表达式如下所示。

```
$cond
```

这是一个三元操作符，它将计算一个表达式，并根据结果返回其他两个表达式之一的值。它接受有序列表中的 3 个表达式或 3 个命名参数。

```
$ifnull
```

返回第一个表达式的非空（Non-Null）结果。如果第一个表达式导致空值（null）结果，则返回第二个表达式的结果。这里所谓的"空值"结果包含未定义值的实例或缺少字段。它接受两个表达式作为参数。第二个表达式的结果可以为空值。

```
$switch
```

这将评估一系列 case 表达式。当它找到一个计算结果为 true 的表达式时，$switch 将执行一个指定的表达式并中断控制流。

9．其他操作符

有些操作符不常用，但在某些比较偏僻的领域，特定于用例的情况下可能很有用。

下面将择其要者略介绍一二。

（1）文本搜索。$meta：可用于访问文本搜索元数据。

（2）变量。$map：可以将子表达式应用于数组的每个元素，并按顺序返回结果值的数组。它将接受命名参数。

$let：可以定义在子表达式范围内使用的变量，并返回子表达式的结果。它同样将接受命名参数。

（3）字面意义。$literal：将返回一个没有解析的值，即仅体现其字面意义（Literal）。它用于聚合管道可以解释为表达式的值。例如，将 $literal 表达式应用于以 $ 开头的字符串，以避免将其解析为字段路径。

（4）解析数据类型。$type：返回字段的 BSON 数据类型。

5.3　限　　制

聚合管道可以按以下 3 种不同的方式输出结果。

● 内联为包含结果集的文档。

● 在集合中。

● 将游标返回到结果集。

内联（Inline）结果受 BSON 最大文档大小为 16 MB 的限制，这意味着只有在最终结果具有固定大小时才应使用它。例如，如果要从电子商务站点输出前 5 个购买量最大的商品的 ObjectId 时，即可使用这种方式。

与此相反的例子是输出前 1000 个购买量最大的商品及产品信息，包括商品描述及其他具有可变大小的字段。

如果开发人员想要进一步处理数据，则将结果输出到集合中是首选解决方案。既可以输出到新集合，也可以替换现有集合的内容。聚合输出结果只有在聚合命令成功后才可见，否则根本不可见。

🛈 输出集合无法分片或使用上限集合（截至 3.4 版本）。如果聚合输出违反索引（包括每个文档的唯一 ObjectId 上的内置索引）或文档验证规则，则聚合将失败。

使用所有 3 个选项，每个文档输出不得超过 BSON 最大文档大小 16 MB。

每个管道阶段都可以包含超过 16 MB 限制的文档，因为这些文档由 MongoDB 内部处理。但是，每个管道阶段最多只能使用 100 MB 的内存。如果开发人员能够预计在管道阶段中会有更多数据，则应该将 allowDiskUse：设置为 true，以允许超出的数据以牺牲性能为代价溢出到磁盘。

$graphLookup 不支持超过 100 MB 的数据集，并将忽略任何 allowDiskUse 设置。

5.4 聚 合 用 例

在这个篇幅较大的小节中，将使用聚合框架来处理来自以太坊区块链（Ethereum Blockchain）的数据。

要获得本示例所使用的 Python 代码，请访问如下网址。

https://github.com/agiamas/mastering-mongodb/tree/master/chapter_5

我们将从以太坊中提取数据并将其加载到 MongoDB 数据库中，如图 5.1 所示。

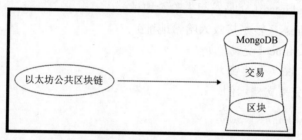

图 5.1   从以太坊中提取数据并将其加载到 MongoDB 数据库中

数据存在于两个集合中，即 blocks（区块）和 transactions（交易）。

示例区块文档包含以下字段。

- Number of Transactions（交易数量）
- Number of contract internal transactions（合约内部交易数量）
- Block hash（区块哈希）
- Parent block hash（父区块哈希）
- Mining Difficulty（挖掘难度）
- Gas Used（已使用的燃料）
- Block Height（区块高度）

以下就是一个区块文档示例。

```
> db.blocks.findOne()
{
"_id" : ObjectId("595368fbcedea89d3f4fb0ca"),
```

```
"number_transactions" : 28,
"timestamp" : NumberLong("1498324744877"),
"gas_used" : 4694483,
"number_internal_transactions" : 4,
"block_hash" :
"0x89d235c4e2e4e4978440f3cc1966f1ffb343b9b5cfec9e5cebc331fb810bded3
",
"difficulty" : NumberLong("882071747513072"),
"block_height" : 3923788
}
```

示例交易文档包含以下字段。

- Transaction hash（交易哈希）
- Block height it belongs to（它所属的区块高度）
- From hash address（交易发起人哈希地址）
- To hash address（转账接收人哈希地址）
- Transaction value（交易值）
- Transaction fee（手续费）

以下就是一个交易文档示例。

```
> db.transactions.findOne()
{
"_id" : ObjectId("59535748cedea89997e8385a"),
"from" : "0x3c540be890df69eca5f0099bbedd5d667bd693f3",
"txfee" : 28594,
"timestamp" : ISODate("2017-06-06T11:23:10Z"),
"value" : 0,
"to" : "0x4b9e0d224dabcc96191cace2d367a8d8b75c9c81",
"txhash" :
"0xf205991d937bcb60955733e760356070319d95131a2d9643e3c48f2dfca39e77
",
"block" : 3923794
}
```

数据库的示例数据可在 GitHub 上获得，地址如下。

https://github.com/agiamas/mastering-mongodb

用于将此数据导入 MongoDB 的代码可在以下地址获得。

https://github.com/agiamas/mastering-mongodb/tree/master/chapter_5

作为这种新颖区块链技术的好奇开发者，想分析以太坊交易需要特别注意以下内容。

- 查找交易发起人的排名前 10 的地址。

- 查找转账接收人的排名前 10 的地址。
- 找出每笔交易的平均值,并附有偏差统计数据。
- 查找每笔交易所需的平均费用,以及偏差统计数据。
- 按交易数量或交易值查找网络更活跃的时间(一天中的小时)。
- 按交易数量或交易值查找网络更活跃的日期(一周中的星期几)。

找到了交易发起人的排名前 10 的地址。要计算此标准,首先计算每个交易发起人出现次数为 1 的计数,然后将它们按 from 字段的值进行分组,并将它们输出到名为 count 的新字段中。

接下来,按降序(-1)对 count 字段的值进行排序,最后将输出限制为通过管道的前 10 个文档。这些文档是我们正在寻找的排名前 10 的地址。

示例 Python 代码如下所示。

```python
def top_ten_addresses_from(self):
    pipeline = [
        {"$group": {"_id": "$from", "count": {"$sum": 1}}},
        {"$sort": SON([("count", -1)])},
        {"$limit": 10},
    ]
    result = self.collection.aggregate(pipeline)
    for res in result:
        print(res)

{u'count': 38, u'_id': u'miningpoolhub_1'}
{u'count': 31, u'_id': u'Ethermine'}
{u'count': 30, u'_id': u'0x3c540be890df69eca5f0099bbedd5d667bd693f3'}
{u'count': 27, u'_id': u'0xb42b20ddbeabdc2a288be7ff847ff94fb48d2579'}
{u'count': 25, u'_id': u'ethfans.org'}
{u'count': 16, u'_id': u'Bittrex'}
{u'count': 8, u'_id': u'0x009735c1f7d06faaf9db5223c795e2d35080e826'}
{u'count': 8, u'_id': u'Oraclize'}
{u'count': 7, u'_id': u'0x1151314c646ce4e0efd76d1af4760ae66a9fe30f'}
{u'count': 7, u'_id': u'0x4d3ef0e8b49999de8fa4d531f07186cc3abe3d6e'}
```

接下来可以找到转账接收人排名前 10 的地址。与 from 类似,to 地址的计算完全相同,只是按 to 字段分组而不是按 from 字段。

示例代码如下。

```python
def top_ten_addresses_to(self):
    pipeline = [
```

```
                {"$group": {"_id": "$to", "count": {"$sum": 1}}},
                {"$sort": SON([("count", -1)])},
                {"$limit": 10},
            ]
        result = self.collection.aggregate(pipeline)
        for res in result:
            print(res)

{u'count': 33, u'_id': u'0x6090a6e47849629b7245dfa1ca21d94cd15878ef'}
{u'count': 30, u'_id': u'0x4b9e0d224dabcc96191cace2d367a8d8b75c9c81'}
{u'count': 25, u'_id': u'0x69ea6b31ef305d6b99bb2d4c9d99456fa108b02a'}
{u'count': 23, u'_id': u'0xe94b04a0fed112f3664e45adb2b8915693dd5ff3'}
{u'count': 22, u'_id': u'0x8d12a197cb00d4747a1fe03395095ce2a5cc6819'}
{u'count': 18, u'_id': u'0x91337a300e0361bddb2e377dd4e88ccb7796663d'}
{u'count': 13, u'_id': u'0x1c3f580daeaac2f540c998c8ae3e4b18440f7c45'}
{u'count': 12, u'_id': u'0xeef274b28bd40b717f5fea9b806d1203daawd0807'}
{u'count': 9, u'_id': u'0x96fc4553a00c117c5b0bed950dd625d1c16dc894'}
{u'count': 9, u'_id': u'0xd43d09ec1bc5e57c8f3d0c64020d403b04c7f783'}
```

现在可以找出每笔交易的平均值，并附有偏差统计数据。在此示例中，将使用 value 字段值的 $avg 和 $stdDevPop 操作符来计算此字段的统计信息。使用简单的 $group 操作，我们即可输出一个文档，其中包含我们所选择的 _id（此处为 value）和 averageValues。

```
    def average_value_per_transaction(self):
        pipeline = [
            {"$group": {"_id": "value", "averageValues": {"$avg":
"$value"},
"stdDevValues": {"$stdDevPop": "$value"}}},
            ]
        result = self.collection.aggregate(pipeline)
        for res in result:
            print(res)

{u'averageValues': 5.227238976440972, u'_id': u'value',
u'stdDevValues': 38.90322689649576}
```

现在来找出每笔交易所需的平均费用，并附上偏差统计数据。平均费用与平均值相似，只要使用 $txfee 替换 $value 即可。

```
    def average_fee_per_transaction(self):
        pipeline = [
            {"$group": {"_id": "value", "averageFees": {"$avg":
```

```
"$txfee"},
"stdDevValues": {"$stdDevPop": "$txfee"}}},
    ]
    result = self.collection.aggregate(pipeline)
    for res in result:
        print(res)

{u'_id': u'value', u'averageFees': 320842.0729166667, u'stdDevValues':
1798081.7305142984}
```

接下来可以通过交易数量或交易值找到网络更活跃的时间（一天中的小时）。

为了找出最活跃的交易时间，可以使用 $hour 操作符从 ISODate() 字段中提取小时字段，在该字段中存储了日期、时间值并调用了 timestamp。

```
def active_hour_of_day_transactions(self):
    pipeline = [
        {"$group": {"_id": {"$hour": "$timestamp"}, "transactions":
{"$sum": 1}}},
        {"$sort": SON([("transactions", -1)])},
        {"$limit": 1},
    ]
    result = self.collection.aggregate(pipeline)
    for res in result:
        print(res)

{u'_id': 11, u'transactions': 34}


def active_hour_of_day_values(self):
    pipeline = [
        {"$group": {"_id": {"$hour": "$timestamp"},
"transaction_values": {"$sum": "$value"}}},
        {"$sort": SON([("transactions", -1)])},
        {"$limit": 1},
    ]
    result = self.collection.aggregate(pipeline)
    for res in result:
        print(res)

{u'transaction_values': 33.17773841, u'_id': 20}
```

现在可以根据交易数量或交易值找到网络更活跃的日期（一周中的星期几）。与一天中的小时类似，使用 $dayOfWeek 操作符从 ISODate() 对象中提取星期几。根据美国惯例，数字 1 表示星期日，数字 7 表示星期六。

```python
def active_day_of_week_transactions(self):
    pipeline = [
        {"$group": {"_id": {"$dayOfWeek": "$timestamp"},
"transactions": {"$sum": 1}}},
        {"$sort": SON([("transactions", -1)])},
        {"$limit": 1},
    ]
    result = self.collection.aggregate(pipeline)
    for res in result:
        print(res)

{u'_id': 3, u'transactions': 92}


def active_day_of_week_values(self):
    pipeline = [
        {"$group": {"_id": {"$dayOfWeek": "$timestamp"},
"transaction_values": {"$sum": "$value"}}},
        {"$sort": SON([("transactions", -1)])},
        {"$limit": 1},
    ]
    result = self.collection.aggregate(pipeline)
    for res in result:
        print(res)

{u'transaction_values': 547.62439312, u'_id': 2}
```

计算的聚合如图 5.2 所示。

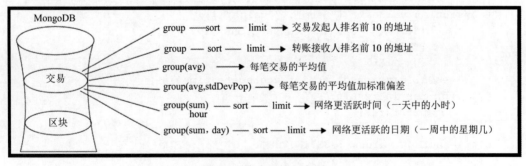

图 5.2　聚合用例示意图

在区块方面，我们想知道。

● 每个区块的平均交易数，包括总体交易总数及内部交易合约总数。

● 每个区块已使用的平均燃料（Gas）。

● 每个区块的平均挖矿难度及偏差方式。

每个块的平均交易数，包括总计和合约内部交易。对 number_transactions 字段求平均值，即可得到每个区块的交易数量，如下所示。

```
def average_number_transactions_total_block(self):
    pipeline = [
        {"$group": {"_id": "average_transactions_per_block",
"count":
{"$avg": "$numb er_transactions"}}},
    ]
    result = self.collection.aggregate(pipeline)
    for res in result:
        print(res)

{u'count': 39.458333333333336, u'_id': u'average_transactions_per_
block'}
```

```
def average_number_transactions_internal_block(self):
    pipeline = [
        {"$group": {"_id": "average_transactions_internal_per_
block",
"count": {"$avg": "$number_internal_transactions"}}},
    ]
    result = self.collection.aggregate(pipeline)
    for res in result:
        print(res)

{u'count': 8.0, u'_id': u'average_transactions_internal_per_block'}
```

每个区块使用的平均燃料（Gas）。

```
def average_gas_block(self):
    pipeline = [
        {"$group": {"_id": "average_gas_used_per_block",
                    "count": {"$avg": "$gas_used"}}},
    ]
    result = self.collection.aggregate(pipeline)
    for res in result:
```

```
        print(res)
```

```
{u'count': 2563647.9166666665, u'_id': u'average_gas_used_per_block'}
```

每个区块的平均挖矿难度及其偏差方式。

```
  def average_difficulty_block(self):
      pipeline = [
          {"$group": {"_id": "a verage_difficulty_per_block",
                      "count": {"$avg": "$difficulty"}, "stddev":
{"$stdDevPop": "$difficulty"}}},
      ]
      result = self.collection.aggregate(pipeline)
      for res in result:
          print(res)
```

```
{u'count': 881676386932100.0, u'_id': u'average_difficulty_per_block',
u'stddev': 446694674991.6385}
```

聚合模式如图 5.3 所示。

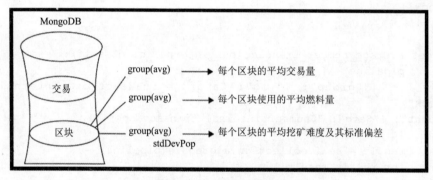

图 5.3　聚合用例示意图

　　现在已经通过计算获得了基本的统计数据，接下来要做的就是提升"游戏"的难度，识别出有关交易的更多信息。通过先进的机器学习算法（Machine Learn Algorithm），可以将一些交易确定为要么是骗局，要么是初始数字货币发行（Initial Coin Offering，ICO），或两者兼而有之。

　　在这些文档中，我们在一个名为 tags 的数组中标记了这些属性。

```
{
"_id" : ObjectId("59554977cedea8f696a416dd"),
"to" : "0x4b9e0d224dabcc96191cace2d367a8d8b75c9c81",
```

```
"txhash" :
"0xf205991d937bcb60955733e760356070319d95131a2d9643e3c48f2dfca39e77",
"from" : "0x3c540be890df69eca5f0099bbedd5d667bd693f3",
"block" : 3923794,
"txfee" : 28594,
"timestamp" : ISODate("2017-06-10T09:59:35Z"),
"tags" : [
"scam",
"ico"
],
"value" : 0
}
```

　　现在想要获取从 2017 年 6 月开始的交易，删除 _id 字段，并根据已经识别的标签生成不同的文档。因此，在前面提到的文档的示例中，将在新集合 scam_ico_documents 中输出两个文档以进行单独处理。

　　通过聚合框架执行此操作的方法如下所示。

```python
def scam_or_ico_aggregation(self):
    pipeline = [
        {"$match": {"timestamp": {"$gte": datetime.datetime(2017,06,01),
"$lte": datetime.datetime(2017,07,01)}}},
        {"$project": {
            "to": 1,
            "txhash": 1,
            "from": 1,
            "block": 1,
            "txfee": 1,
            "tags": 1,
            "value": 1,
            "report_period": "June 2017",
            "_id": 0,
            }

        },
        {"$unwind": "$tags"},
        {"$out": "scam_ico_documents"}
    ]
    result = self.collection.aggregate(pipeline)
    for res in result:
        print(res)
```

在聚合框架管道中有以下 4 个不同的步骤。

（1）使用 $match，只提取字段时间戳值为 2017 年 6 月 1 日的文档。

（2）使用投影，将添加一个值为 June 2017 的新 report_period 字段，并通过将其值设置为 0 来删除 _id 字段。此外，我们还将使用值 1 来保持其余字段的完整性，如上面示例代码所示。

（3）使用 $unwind，在 $tags 数组中为每个标记输出一个新文档。

（4）最后，使用 $out 将所有文档输出到新的 scam_ico_documents 集合。

由于使用了 $out 操作符，因此在命令行中不会产生任何结果。如果注释掉 {"$out":"scam_ico_documents"}，我们会得到如下所示的结果文档。

```
{u'from': u'miningpoolhub_1', u'tags': u'scam', u'report_period':
u'June
2017', u'value': 0.52415349, u'to':
u'0xdaf112bcbd38d231b1be4ae92a72a41aa2bb231d', u'txhash':
u'0xe11ea11df4190bf06cbdaf19ae88a707766b007b3d9f35270cde37ceccba9a5c',
u'txfee': 21.0, u'block': 3923785}
```

数据库中的最终结果如下所示。

```
{
"_id" : ObjectId("5955533be9ec57bdb074074e"),
"to" : "0x4b9e0d224dabcc96191cace2d367a8d8b75c9c81",
"txhash" :
"0xf205991d937bcb60955733e760356070319d95131a2d9643e3c48f2dfca39e77",
"from" : "0x3c540be890df69eca5f0099bbedd5d667bd693f3",
"block" : 3923794,
"txfee" : 28594,
"tags" : "scam",
"value" : 0,
"report_period" : "June 2017"
}
```

现在我们已经在 scam_ico_documents 集合中清楚地分隔了文档，可以非常轻松地执行进一步的分析。这种分析的一个示例是对于这些诈骗者附加更多的信息。幸运的是，我们的数据科学家已经提出了一些额外的信息，已经将其提取到一个新的集合 scam_details 中，具体如下所示。

```
{
"_id" : ObjectId("5955510e14ae9238fe76d7f0"),
"scam_address" : "0x3c540be890df69eca5f0099bbedd5d667bd693f3",
```

```
Email_address": example@scammer.com"
}
```

现在可以创建一个新的聚合管道作业来将 scam_ico_documents 与 scam_details 集合连接在一起，并将这些扩展结果输出到一个新的集合 scam_ico_documents_extended 中，如下所示。

```
def scam_add_information(self):
    client = MongoClient()
    db = client.mongo_book
    scam_collection = db.scam_ico_documents
    pipeline = [
        {"$lookup": {"from": "scam_details", "localField": "from",
"foreignField": "scam_address", "as": "scam_details_data"}},
        {"$match": {"scam_details_data": { "$ne": [] }}},
        {"$out": "scam_ico_documents_extended"}
    ]
    scam_collection.aggregate(pipeline)
```

在本示例中使用了以下 3 个步骤的聚合管道。

（1）使用 $lookup 命令将来自 scam_details 集合和 scam_address 字段的数据与来自本地集合（scam_ico_documents）的数据连接在一起，连接的基础是本地集合属性 from 中的值等于 scam_details 集合 scam_address 字段中的值。

如果它们相等，则管道会向名为 scam_details_data 的文档中添加一个新字段。

（2）只匹配具有 scam_details_data 字段的文档，这些字段将通过查找聚合框架步骤进行匹配。

（3）将这些文档输出到一个名为 scam_ico_documents_extended 的新集合中。

这些文档现在应该变为如下所示内容。

```
> db.scam_ico_documents_extended.findOne()
{
"_id" : ObjectId("5955533be9ec57bdb074074e"),
"to" : "0x4b9e0d224dabcc96191cace2d367a8d8b75c9c81",
"txhash" :
"0xf205991d937bcb60955733e760356070319d95131a2d9643e3c48f2dfca39e77",
"from" : "0x3c540be890df69eca5f0099bbedd5d667bd693f3",
"block" : 3923794,
"txfee" : 28594,
"tags" : "scam",
"value" : 0,
"report_period" : "June 2017",
```

```
"scam_details_data" : [
{
"_id" : ObjectId("5955510e14ae9238fe76d7f0"),
"scam_address" : "0x3c540be890df69eca5f0099bbedd5d667bd693f3",
email_address": example@scammer.com"
}]}
```

使用聚合框架之后，我们已经识别了这些数据，并且可以快速有效地处理它。

上述示例的图解如图 5.4 所示。

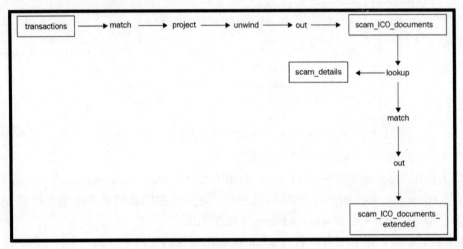

图 5.4　聚合用例示意图

5.5　小　　结

本章深入研究了聚合框架。讨论了为什么要使用聚合框架及何时应该使用聚合框架而不是 MapReduce 并查询数据库。本章详细介绍了大量有关聚合的选项和功能。

本章还讨论了聚合阶段和各种操作符，例如布尔操作符、比较操作符、集合操作符、数组操作符、日期操作符、字符串操作符、表达式算术操作符、聚合累加器、条件表达式和变量，以及字面意义和解析数据类型操作符。

通过以太坊区块链用例，详细介绍了聚合框架的工作代码及如何求解工程问题，并以此来分析数据。

最后，本章还阐述了聚合框架当前具有的限制及如何避免它。

第 6 章将转向索引主题，讨论如何为读写工作负载设计和实现高性能索引。

第6章 索　引

本章将探索每个数据库最重要的属性之一，即索引（Index）。与书籍索引类似，数据库索引允许更快的数据检索。在关系数据库管理系统世界中，索引被广泛使用（甚至被滥用）以加速数据访问。

在 MongoDB 中，索引在模式和查询设计中发挥着不可或缺的作用。MongoDB 支持本章将要详细介绍的各种索引如下。

- 单字段索引
- 复合索引
- 多键索引
- 地理空间索引
- 文本索引
- 哈希索引
- 生存时间索引
- 唯一索引
- 部分索引
- 稀疏索引
- 不区分大小写索引

除了阐述不同类型的索引之外，本章还将展示如何为单一服务器部署以及复杂的分片环境构建和管理索引。

最后，本章将深入探讨 MongoDB 创建和组织索引的方法，目的是了解如何编写更有效的索引并评估现有索引的性能。

本章将要讨论的主题包括以下内容。

- 索引类型
- 建立和管理索引
- 高效使用索引

6.1　内　部　索　引

在大多数情况下，索引本质上是 B 树（B-tree）数据结构的变体。B 树数据结构由

Rudolf Bayer（鲁道夫·拜尔）和 Ed McCreight（艾德·麦克莱特）于 1971 年在波音研究实验室工作时发明。B 树数据结构允许在对数时间内执行搜索、顺序访问、插入和删除操作。对数时间属性代表平均情况和最差可能的性能，当应用程序无法容忍性能表现的意外变化时，这是一个很好的属性。

为了进一步理解对数时间（Logarithmic Time）的重要性，请看图 6.1 所示内容。

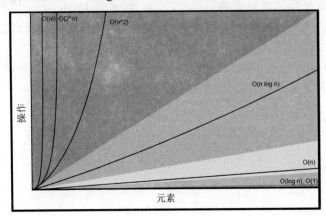

图 6.1　对数时间性能

资料来源：http://bigocheatsheet.com/

在图 6.1 中，可以将对数时间性能视为平行于图表 x 轴的扁平线。随着元素数量的增加，常数时间 O(n) 算法表现更差，而二次方时间算法 O(n^2) 则脱离了图表。对于开发人员所依赖的算法，应尽可能快地传回数据，因此时间性能至关重要。

B 树的另一个有趣特性是它是自平衡（Self-Balancing）的，这意味着它将自我调整以始终保持这些属性。它的前身和最接近的亲属是二元搜索树（Binary Search Tree），这也是一种数据结构，每个父节点只允许两个子节点。

原理上，B 树看起来如图 6.2 所示。

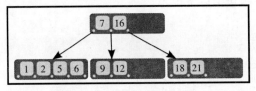

图 6.2　关于 B 树的示意图

资料来源：CyHawk，CC BY-SA 3.0, https://commons.wikimedia.org/w/index.php?curid=11701365

在图 6.2 中，有一个父节点，其值为 7 和 16，它指向了 3 个子节点。

如果开发人员想要搜索值 9，知道它大于 7 且小于 16，则搜索将被引导到包含该值的中间子节点。

这种结构的设计每一步都可以将搜索空间减半，所以其时间复杂度为 log n。与按顺序遍历扫描每个元素相比，B 树搜索每个步骤可以将元素数量减半，这带来的性能增益是很大的。随着要搜索的元素数量的增加，其性能增益也会呈指数性增长。

6.2　索　引　类　型

MongoDB 提供了大量不同需求的索引类型。本节将详细介绍每个类型及每个类型所能满足的需求。

6.2.1　单字段索引

最常见和最简单的索引类型是单字段索引（Single Field Index）。单个字段/键（Field/Key）索引的一个示例是针对 ObjectId（_id）的索引，默认情况下，该索引是在每个 MongoDB 集合中生成的。此外，ObjectId 索引也是唯一的，它可以防止第二个文档在集合中具有相同的 ObjectId。

仍以本书前面章节中所使用的 mongo_book 数据库为例，单字段索引的定义方式如下。

```
> db.books.createIndex({price:1})
```

在上面的示例中，针对字段名称创建了索引，并且创建索引时使用的是升序。如果要按降序创建索引，其方法基本相同，如下所示。

```
> db.books.createIndex({price:-1})
```

如果开发人员希望自己的查询偏向于存储在索引中的靠前文档的值，那么对创建的索引进行排序可能很重要。当然，由于索引具有极高的时间复杂度，因此对于大多数常见用例而言，这并不是一个要考虑的因素。

索引可用于字段值的完全匹配查询或范围查询。在前一种情况下，只要开发人员的指针在 O(log n) 时间之后找到该值，搜索就会停止。

在范围查询中，由于在 B 树索引中已经按顺序存储值，因此，一旦在 B 树的节点中找到了范围查询的边界值，即可知道其子节点中的所有值都将成为结果集的一部分，允许完成后续的搜索。

其示例如图 6.3 所示。

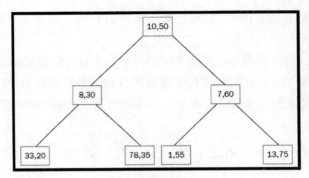

图 6.3　范围查询示意图

1. 索引嵌入的字段

　　MongoDB 作为文档数据库支持在同一文档内的嵌套复杂层次结构中嵌入的字段和整个文档。当然，它也允许开发人员索引这些字段。

　　在 books 集合示例中，可以使用以下形式的文档。

```
{
  "_id" : ObjectId("5969ccb614ae9238fe76d7f1"),
  "name" : "MongoDB Indexing Cookbook",
  "isbn" : "1001",
  "available" : 999,
  "meta_data" : {
        "page_count" : 256,
        "average_customer_review" : 4.8
  }
}
```

　　在上面的示例中，meta_data 字段是一个文档本身，带有 page_count 和 average_customer_review 字段。

　　同样，也可以对 page_count 创建索引，示例如下。

```
db.books.createIndex({"meta_data.page_count":1})
```

　　这可以响应关于完全匹配和范围比较围绕 meta_data.page_count 字段的查询。

```
> db.books.find({"meta_data.page_count": { $gte: 200}})
> db.books.find({"meta_data.page_count": 256})
```

　　💡 要访问嵌入的字段，可以使用点表示法，并且需要在字段名称周围包含双引号（ " " ）。

2. 索引嵌入的文档

嵌入的文档也可以作为一个整体进行索引，并且其索引方式与嵌入的字段的索引方式类似，示例如下。

```
> db.books.createIndex({"meta_data": 1})
```

在这里，索引的是整个文档，预计完整的查询如下所示。

```
> db.books.find({"meta_data": {"page_count":256,
"average_customer_review":4.8}})
```

关键的区别在于，当索引嵌入的字段时，开发人员可以使用索引对它们执行范围查询，而当索引嵌入的文档时，只能使用索引执行比较查询。

💡 db.books.find({"meta_data.average_customer_review": {$gte:4.8},"meta_data. page_count": { $gte: 200}}) 将不会使用 meta_data 索引，而 db.books.find({"meta_data":{"page_count":256,"average_customer_review":4.8}}) 则会使用它。

3. 后台索引

索引可以在前台（Foreground）创建，前台创建方式将阻止集合中的所有操作，直到它们构建完成；索引也可以后台（Background）创建，后台创建方式将允许并发操作。在后台构建索引是通过传入 background: true 参数完成的。

```
> db.books.createIndex({price:1},{background:true})
```

后台索引有一些限制，本章第 6.3 节"建立和管理索引"中将对此继续展开讨论。

6.2.2 复合索引

1. 复合索引

复合索引（Compound Index）是单键索引的推广应用，它允许多个字段包含在同一索引中。当开发人员希望查询跨越文档中的多个字段时，它们非常有用。此外，当在集合中包含太多索引，需要合并索引时，它们也很有用。

💡 复合索引最多可包含 31 个字段。它们不能具有哈希索引类型。

复合索引的声明方式与单个索引类似，可以通过定义要索引的字段和索引的顺序来完成，具体如下所示。

```
> db.books.createIndex({"name": 1, "isbn": 1})
```

2. 使用复合索引排序

索引顺序对于排序结果很有用。在单字段索引中，MongoDB 可以双向遍历索引，因此无论定义哪个顺序都无关紧要。

但是，在多字段索引中，排序可以确定是否可以使用此索引进行排序。在上面的示例中，查询将匹配索引创建时的排序方向。

```
> db.books.find().sort( { "name": 1, "isbn": 1 } )
```

也可以使用 sort 查询，翻转所有排序字段的顺序。

```
> db.books.find().sort( { "name": -1, "isbn": -1 } )
```

在该查询中，由于已经否定了这两个字段，所以 MongoDB 将使用相同的索引，但却从末尾开始遍历它。

还有两个排序顺序如下所示。

```
> db.books.find().sort( { "name": -1, "isbn": 1 } )
> db.books.find().sort( { "name": 1, "isbn": -1 } )
```

在上面的示例中，它们不能使用索引遍历，因为开发人员想要的排序顺序并不存在于索引的 B 树数据结构中。

3. 重用复合索引

复合索引的一个重要属性是它们可以用于对索引字段的前缀进行多次查询。当开发人员想要合并随时间积累在集合中的索引时，这非常有用。

来看之前创建的复合（多字段）索引。

```
> db.books.createIndex({"name": 1, "isbn": 1})
```

这可以用于对 name 或 {name, isbn} 的查询。

```
> db.books.find({"name":"MongoDB Indexing"})
> db.books.find({"isbn": "1001", "name":"MongoDB Indexing"})
```

该查询中的字段顺序无关紧要，MongoDB 将重新排列字段以匹配查询。

但是，索引中的字段顺序则很重要。仅针对 isbn 字段的查询将无法使用索引。

```
> db.books.find({"isbn": "1001"})
```

根本原因是我们的字段值将作为二级、三级等索引存储在索引中；每个字段都嵌入上一个字段的内部，就像俄罗斯套娃一样，一个套娃里面还有一个套娃。这意味着，当我们查询多字段索引的第一个字段时，就可以使用最外层的套娃来查找模式，而搜索前两个字段，则可以匹配最外层套娃上的模式，然后再找里面的套娃。

这个概念称为前缀索引（Prefix Indexing），它与索引交集（Index Intersection）一起成为索引合并最强大的工具，本章后面将会有更详细的介绍。

6.2.3　多键索引

索引标量（单个）值在前面的章节中已经进行了解释。但是，使用 MongoDB 获得的优势之一是能够以数组的形式轻松存储矢量值。

在关系数据库世界中，存储数组通常不受欢迎，因为它违反了正常形式。在面向文档的数据库（如 MongoDB）中，它经常是我们设计的一部分，因为我们可以轻松地存储和查询复杂的数据结构 。

使用多键索引（Multikey Index）即可实现索引文档数组。多键索引可以存储标量值数组及嵌套文档的数组。

创建多键索引的方式与创建常规索引相同。

```
> db.books.createIndex({"tags":1})
```

现在，新索引将是一个多键索引，它允许开发人员通过存储在数组中的任何标记查找文档，如下所示。

```
> db.books.find({tags:"new"})
{
    "_id" : ObjectId("5969f4bc14ae9238fe76d7f2"),
    "name" : "MongoDB Multikeys Cheatsheet",
    "isbn" : "1002",
    "available" : 1,
    "meta_data" : {
        "page_count" : 128,
        "average_customer_review" : 3.9
    },
    "tags" : [
        "mongodb",
        "index",
        "cheatsheet",
        "new"
    ]
}
```

开发人员还可以使用多键索引创建复合索引，但最多可以在每个索引文档中包含一个数组。鉴于在 MongoDB 中开发人员并没有指定每个字段的类型，这意味着：如果对包含数组值的两个或两个以上的字段创建索引，则在创建时将失败；如果尝试插入具有两个或两个以上字段的文档作为数组，则在插入时将失败。

例如，如果在数据库中包含以下文档，则无法对 tags 和 analytics_data 创建复合索引。

```
{
"_id" : ObjectId("5969f71314ae9238fe76d7f3"),
"name": "Mastering parallel arrays indexing",
"tags" : [
"A",
"B"
],
"analytics_data" : [
"1001",
"1002"
]
}


> db.books.createIndex({tags:1, analytics_data:1})
{
"ok" : 0,
"errmsg" : "cannot index parallel arrays [analytics_data] [tags]",
"code" : 171,
"codeName" : "CannotIndexParallelArrays"
}
```

因此，如果开发人员首先在一个空集合上创建索引并尝试插入该文档，则插入将失败并显示以下错误。

```
> db.books.find({isbn:
"1001"}).hint("international_standard_book_number_index")
.explain()
{
    "queryPlanner" : {
        "plannerVersion" : 1,
        "namespace" : "mongo_book.books",
        "indexFilterSet" : false,
        "parsedQuery" : {
            "isbn" : {
                "$eq" : "1001"
```

```
                }
            },
        "winningPlan" : {
            "stage" : "FETCH",
            "inputStage" : {
                "stage" : "IXSCAN",
                "keyPattern" : {
                    "isbn" : 1
                },
                "indexName" :
"international_standard_book_number_index",
                "isMultiKey" : false,
                "multiKeyPaths" : {
                    "isbn" : [ ]
                },
                "isUnique" : false,
                "isSparse" : false,
                "isPartial" : false,
                "indexVersion" : 2,
                "direction" : "forward",
                "indexBounds" : {
                    "isbn" : [
                      "[\"1001\", \"1001\"]"
                    ]
                }
            }
        },
        "rejectedPlans" : [ ]
    },
    "serverInfo" : {
        "host" : "PPMUMCPU0142",
        "port" : 27017,
        "version" : "3.4.7",
        "gitVersion" : "cf38c1b8a0a8dca4a11737581beafef4fe120bcd"
    },
    "ok" : 1
```

🔵 哈希索引不能是多键索引。

　　在尝试微调数据库时，开发人员可能遇到的另一个限制是多键索引不能完全覆盖查询。覆盖使用索引的查询意味着开发人员可以完全从索引获取结果数据而无须访问数据库中的数据。由于索引最有可能存储在 RAM 中，因此可以显著提高性能。

从索引的角度看，在多键索引中查询多个值，将导致两个步骤的过程。

在第一个步骤中，index 将用于检索数组的第一个值，然后按顺序扫描方式遍历数组中的其余元素。示例如下。

```
> db.books.find({tags: [ "mongodb", "index", "cheatsheet", "new" ] })
```

这将首先搜索具有 mongodb 值的多键索引标记中的所有条目，然后依次扫描遍历它们以查找还具有 index、cheatsheet 和 new 标记的条目。

> 🔆 多键索引不能用作分片键。但是，如果分片键是多键索引的前缀索引，则可以使用它。更多相关内容见本书第 11 章"分片"。

6.2.4　特殊类型的索引

除通用索引外，MongoDB 还支持特殊用例的索引。本节将识别这些类型的索引，并介绍如何使用它们。

1. 文本索引

文本索引（Text Index）是字符串值字段上的特殊索引，用于支持文本搜索。本书基于文本索引功能的第 3 版，这是自 MongoDB 3.2 版本开始提供的。

指定文本索引的方式和常规索引类似，只不过是将索引排序顺序 (-1,1) 替换为单词 text，如下所示。

```
> db.books.createIndex({"name": "text"})
```

> 🔆 任何集合最多只能有一个文本索引。此文本索引可以支持多个字段，字段可以是文本，也可以不是文本。它不支持其他特殊类型，如多键或地理空间。文本索引不能用于排序结果，即使它们只是复合索引的一部分。

由于每个集合只有一个文本索引，因此开发人员需要明智地选择字段。重建这个文本索引可能需要相当长的时间，并且每个集合中只有一个，这使得维护非常棘手，本章末尾对此会有详细解释。

幸运的是，该索引也可以是一个复合索引。

```
> db.books.createIndex( { "available": 1, "meta_data.page_count": 1,
"$**": "text" } )
```

　　带有文本字段的复合索引遵循与本章前面所述的排序和前缀索引相同的规则。如果排序顺序允许在任何方向遍历索引，则开发人员可以使用此索引查询 available 或 available, meta_data.page_count，或者进行排序。

　　还可以试验性地将包含字符串的文档中的每个字段作为文本索引。

```
> db.books.createIndex( { "$**": "text" } )
```

　　这可能导致无限制的索引大小，所以一般情况下应该避免，但如果有非结构化数据（例如，直接来自应用程序日志），那么它可能是有用的，因为在这种情况下开发人员不知道哪些字段可能有用，仅希望能够查询尽可能多的内容。

　　文本索引将应用词干提取（删除常用后缀，例如，英语单词复数形式的 s/es），并从索引中删除定冠词和不定冠词（a、an、the 等）。

　　💡 文本索引支持 20 多种语言，包括中文、西班牙文、乌尔都文、波斯文和阿拉伯文。文本索引需要特殊配置才能在英语以外的语言中正确索引。

- 不区分大小写和变音符号不敏感：文本索引不区分大小写和变音符号。文本索引的第 3 版（MongoDB 版本 3.4 附带的版本）支持常见的 C、简单 S 和特殊 T 的大写转换（Case Folding），这在 Unicode 字符数据库 8.0 有关大小写转换说明文档中有详细介绍。除了不区分大小写，文本索引的第 3 版支持不区分变音符号功能。这会以小写和大写字母形式扩大对带有重音符号的字符的不敏感性。例如，e，è，é，ê，ë 和它们的大写字母对应形式在使用文本索引时可以是相同的。在早期版本的文本索引中，这些被视为不同的字符串。
- 分词分隔符（Tokenization Delimiter）：所谓"分词"就是指将文本段落分隔为单词。文本索引的第 3 版支持定义为 Dash、Hyphen、Pattern_Syntax、Quotation_Mark、Terminal_Punctuation 和 White_Space 的分词分隔符，这在 Unicode 字符数据库 8.0 有关大小写转换说明文档中也有详细介绍。

2. 哈希索引

　　哈希索引（Hash Index）包含索引字段的哈希值，如下所示。

```
> db.books.createIndex( { name: "hashed" } )
```

　　这将对 books 集合的每本书的书名创建一个哈希索引。

哈希索引是相等（Equality）匹配的理想选择，但不能与范围查询一起使用。如果开发人员想要对字段执行范围查询，则可以创建一个常规索引（或包含该字段的复合索引）及相等匹配的哈希索引。MongoDB 在内部使用哈希索引进行基于哈希的分片，在本书第 11 章"分片"中对此有详细讨论。哈希索引可以将浮点字段截断为整数，所以，应尽可能避免对哈希字段使用浮点值。

3. TTL 索引

生存时间（Time-To-Live，TTL）索引可用于在截止时间（Expiration Time）到期后自动删除文档。其语法如下。

```
> db.books.createIndex( { "created_at_date": 1 }, { expireAfterSeconds:
86400 } )
```

其中，created_at_date 字段值必须是日期或日期数组（将使用最早的日期）。在此示例中，文档将在 created_at_date 之后的一天（86 400 秒）被删除。

如果该字段不存在或该值不是日期，则该文档不会过期。换句话说，TTL 索引会静悄悄地失败，不会返回任何错误。

数据可以通过每隔 60 秒运行一次的后台作业进行删除。因此，没有明确的准确性保证文件将在截止日期过后持续多长时间。

> 🔘 TTL 索引是常规的单字段索引。它可以用于常规索引之类的查询。TTL 索引不
> 能是复合索引（可以在上限集合上运行），也不能使用 _id 字段。虽然 _id 字段隐
> 式包含文档创建时间的时间戳，但它并不是 Date 字段。
>
> 如果开发人员希望每个文档在不同的自定义日期点到期，则必须设置
> {expireAfterSeconds: 0} 并手动将 TTL 索引日期字段设置为希望文档过期的日期。

4. 部分索引

集合上的部分索引（Partial Index）是仅适用于满足 partialFilterExpression 查询的文档的索引。

仍然以我们熟悉的 books 集合为例。

```
> db.books.createIndex(
  { price: 1, name: 1 },
  { partialFilterExpression: { price: { $gt: 30 } } }
)
```

在上述示例中，可以为价格大于 30 的图书提供索引。部分索引的优势在于它们在创

建和维护方面更加轻量级，并且使用更少的存储空间。

partialFilterExpression 过滤器支持以下操作符。

● 等式表达式（即 field：value 或使用 $eq 操作符）。

● $exists：true 表达式。

● $gt、$gte、$lt 和 $lte 表达式。

● $type 表达式。

● $and 操作符只应用于最上层。

仅当部分索引可以作为整体满足查询时，才会使用部分索引。

如果我们的查询与 partialFilterExpression 过滤器相比是一样的，甚至更严格，则将使用部分索引。如果结果可能不包含在部分索引中，那么索引将被完全忽略。

🔆 **TIP** partialFilterExpression 不需要是稀疏索引字段的一部分。以下索引是有效的稀疏索引。

> db.books.createIndex({name:1},{

partialFilterExpression:{price:{$ gt:30}}})

但是，要使用此部分索引，需要查询书名或价格大于 30。

🔆 **TIP** 建议采用部分索引而不是稀疏索引。稀疏索引所提供的功能仅是部分索引的功能子集。MongoDB 3.2 中引入了部分索引，因此，如果开发人员从早期版本获得稀疏索引，则升级它们可能是一个好主意。_id 字段不能是部分索引的一部分。分片键索引也不能是部分索引。

partialFilterExpression 不能与稀疏选项组合使用。

5. 稀疏索引

稀疏索引（Sparse Index）类似于部分索引，并且它的出现也早于部分索引若干年（从版本 1.8 开始就可用）。

稀疏索引仅索引包含以下字段的值。

```
> db.books.createIndex( { "price": 1 }, { sparse: true } )
```

以上示例将创建一个仅包含 price 字段的文档的索引。

由于性质的原因，有些索引总是稀疏的，示例如下。

● 2d、2dsphere（版本 2）

● geoHaystack

● text

稀疏且唯一的索引将允许多个文档缺少索引键，但是它不允许文档具有相同的索引字段值。具有地理空间索引（2d、2dsphere、geoHaystack）的稀疏和复合索引将为文档编制索引，只要它具有 geospatial 字段即可。

只要具有 text 字段，带有 text 字段的稀疏和复合索引就可以索引文档。只要具有至少一个字段，则没有前两种情况中的任何一种的稀疏和复合索引都将索引该文档。

在最新版本的 MongoDB 中，应该避免创建新的稀疏索引而改为使用部分索引。

6. 唯一索引

唯一索引（Unique Index）与关系数据库管理系统中的唯一索引类似，禁止索引字段中出现重复值。对于每个插入的文档，MongoDB 默认在 _id 字段上创建唯一索引。

```
> db.books.createIndex( { "name": 1 }, { unique: true } )
```

以上示例将对书名创建唯一索引。

唯一索引也可以是复合嵌入的字段或嵌入的文档索引。

在复合索引中，将对索引的所有字段中的值组合中强制执行唯一性。例如，以下操作就不会违反唯一索引。

```
> db.books.createIndex( { "name": 1, "isbn": 1 }, { unique: true } )
> db.books.insert({"name": "Mastering MongoDB", "isbn": "101"})
> db.books.insert({"name": "Mastering MongoDB", "isbn": "102"})
```

这是因为，即使书名相同，索引也在寻找 {name，isbn} 的唯一组合，在这两个条目中，isbn 是不可能相同的。

唯一性不适用于哈希索引。如果集合已包含索引字段的重复值，则无法创建唯一索引。唯一索引不会阻止同一文档具有多个值。

如果文档缺少索引字段，则它将插入该文档。但是，如果第二个文档缺少索引字段，则该字段不会被插入。这是因为 MongoDB 会将缺少的字段值存储为 null，因此只允许一个文档丢失该字段。

作为 unique 和 partial 组合的索引仅在部分应用后才应用唯一。这意味着，如果它们不是部分过滤的一部分，则可能有若干个文档具有重复值。

7. 不区分大小写索引

区分大小写是索引的常见用例。直到版本 3.4 才出现了不区分大小写索引（Case Insensitive Index），在此之前，该功能是在应用程序级别通过创建包含所有小写字母的重复字段并索引此字段来模拟处理的。

使用 collation 参数，开发人员可以创建不区分大小写的索引，甚至可以创建不区分大小写的集合。

一般来说，collation 允许用户为字符串比较指定特定于语言的规则。可能（但不是唯一）的用法是针对不区分大小写的索引和查询。

仍以我们熟悉的 books 集合为例，可以对 name（书名）创建不区分大小写的索引。具体如下所示。

```
> db.books.createIndex( { "name" : 1 },
                        { collation: {
                            locale : 'en',
                            strength : 1
                        }
                } )
```

strength 是 collation 参数之一，它是用于区分大小写比较的定义参数。strength 级别遵循用于 Unicode 的国际化组件（International Components for Unicode，ICU）的比较级别。它接受的值见表 6.1。

表 6.1　strength 的比较级别

strength 的值	说　明
1a	初级比较级别。基于字符串值的比较，忽略任何其他差异（例如大小写和变音符号）
2	第二级比较级别。基于初级比较级别，如果相等则比较变音符号（即重音符号）
3（默认）	第三级比较级别。与级别 2 相同，但是添加了大小写比较和变体
4	第四级比较级别。仅限于考虑标点符号的特定用例（1-3 级忽略标点符号）或在处理日文文本时使用
5	和第四级相同的比较级别。仅限于特定用例：打破比较时的平局

使用 collation 创建索引不足以获得不区分大小写的结果。开发人员还需要在查询中指定 collation 比较规则。

```
> db.books.find({name:"Mastering MongoDB"}).collation({locale:'en',
                strength:1})
```

如果在查询中指定与索引相同的 collation 规则级别，则将使用该索引。

开发人员可以指定不同级别的 collation 规则级别，如下所示。

```
> db.books.find({name:"Mastering MongoDB"}).collation({locale:'en',
                strength: 2 } )
```

在上面的示例中，开发人员将不能使用索引，因为该索引的 collation 比较规则级别为 1，而查询查找的 collation 比较规则级别为 2。

如果在查询中不使用任何 collation 比较规则，则默认的级别为 3，即区分大小写。

使用与默认值不同的 collation 比较规则创建的集合中的索引将自动继承此比较规则级别。

如果开发人员创建了一个 collation 比较级别为 1 的集合，如下所示。

```
> db.createCollection("case_sensitive_books", { collation: { locale:
'en_US', strength: 1 } } )
```

那么，以下索引也将具有 collation: 1。

```
> db.case_sensitive_books.createIndex( { name: 1 } )
```

对此集合的默认查询将是比较级别为 strength：1，区分大小写。如果想要在查询中覆盖该设置，则需要在查询中指定不同的 collation 级别，或者完全忽略 strength 部分。以下两个查询将在 case_sensitive_books 集合中返回不区分大小写的、默认 collation 规则级别的结果。

```
> db.case_sensitive_books.find( { name: "Mastering MongoDB" }
).collation(
{ locale: 'en', strength: 3 } ) // 默认的 collation strength 值

> db.case_sensitive_books.find( { name: "Mastering MongoDB" }
).collation(
{ locale: 'en' } ) // 为设置 collation 值，将重置为全局默认值（3）而不是
case_sensitive_books collection 的默认值（1）
```

collation 是 MongoDB 中一个非常强大且相对较新的概念，因此在后面的章节中还会有更多的讨论。

8. 地理空间索引

MongoDB 早期引入了地理空间索引（Geospatial Index），而且 FourSquare 是最早的客户之一，MongoDB（当时的 10gen Inc）的成功与此有很大的渊源。

本章将探讨 3 种不同类型的地理空间索引。

（1）2d。2d 地理空间索引将地理空间数据存储为二维平面上的点。由于遗留原因，在 MongoDB 2.2 版之前创建的坐标对（Coordinate Pairs）主要保留的就是它，并且在大多数情况下它不应该与最新版本一起使用。

（2）2dSphere。2dSphere 地理空间索引支持在类似地球的平面中计算几何图形的查

询。它比简单的 2d 索引更准确，并且可以支持 GeoJSON 对象和坐标对作为输入。

它自 MongoDB 3.2 以来的版本就是版本 3。默认情况下，它是一个稀疏索引，只索引具有 2dSphere 字段值的文档。

假设在 books 集合中有一个位置字段，跟踪每本书主要作者的家庭地址，则可以在这个字段上创建一个索引，如下所示。

```
> db.books.createIndex( { "location" : "2dsphere" } )
```

location 字段必须是 GeoJSON 对象，示例如下。

```
location : { type: "Point", coordinates: [ 51.5876, 0.1643 ] }
```

2dSphere 索引也可以是复合索引的一部分，可以作为第一个字段，也可以不是。具体如下所示。

```
> db.books.createIndex( { name: 1, location : "2dsphere" } )
```

（3）geoHaystack。当开发人员需要在一个很小的区域内搜索基于地理的结果时，geoHaystack 索引非常有用。就像"大海捞针"一样，使用 geoHaystack 索引，开发人员可以定义地理定位点（Geolocation Point）的存储桶（Bucket）并返回属于该区域的所有结果。

创建 geoHaystack 索引的示例如下。

```
> db.books.createIndex( { "location" : "geoHaystack" ,
                          "name": 1 } ,
              { bucketSize: 2 } )
```

这将从每个文档创建两个纬度或经度单位的文档存储桶。

以下将使用上面的示例位置。

```
location : { type: "Point", coordinates: [ 51.5876, 0.1643 ] }
```

基于 bucketSize：2，每个具有位置 [49.5876..53.5876, -2.1643..2.1643] 的文档都将与我们的位置属于同一个存储桶。

文档可以出现在多个存储桶中。如果想要使用球形几何，2dSphere 是一个更好的解决方案。因为在默认情况下，geoHaystack 索引是稀疏的。

如果需要计算最接近我们的位置的文档，并且超出了我们的 bucketSize（在上面的示例中，我们的 bucketSize 是两个纬度 / 经度单位），则查询效率将会较低而且可能不准确。对此类查询建议使用 2dSphere 索引。

6.3　建立和管理索引

可以使用 MongoDB shell 或任何可用的驱动程序构建索引。默认情况下，索引构建在前台，阻止数据库中的所有其他操作。虽然这种方式更快但通常是不合需要的，在生产实例中尤其如此。

开发人员可以通过在 shell 的索引命令中添加 {background：true} 参数来在后台构建索引。后台索引只会阻止当前的连 / 线程。开发人员可以打开一个新连接（即在命令行中使用 mongo）来连接到同一个数据库。

```
> db.books.createIndex( { name: 1 }, { background: true } )
```

后台索引的构建可以比前台索引花费更多的时间，特别是如果索引不能容纳到可用的 RAM 中。

早期的索引会定期重新访问以进行整合，此时查询将看不到部分索引的结果。所以，查询只有在索引完全创建后才会开始从索引获取结果。

不要使用主应用程序代码来创建索引，因为它可能会产生不可预测的延迟。相反，可以从应用程序中获取索引列表，并在维护窗口期间标记这些索引以进行创建。

6.3.1　强制使用索引

可以通过应用 hint() 参数强制 MongoDB 使用索引。

```
> db.books.createIndex( { isbn: 1 }, { background: true } )
{
    "createdCollectionAutomatically" : false,
    "numIndexesBefore" : 8,
    "numIndexesAfter" : 9,
    "ok" : 1
}
```

createIndex 的输出通知开发人员索引已创建（"ok"：1），没有自动创建集合作为索引创建的一部分（"createdCollectionAutomatically"：false），此索引创建之前的索引数为 8，现在该集合总共有 9 个索引。

如果现在尝试通过 isbn 搜索一本书，则可以使用 explain() 命令来查看 winningPlan子文档，在其中找到使用过的查询计划。

```
> db.books.find({isbn: "1001"}).explain()
```

```
...
"winningPlan" : {
"stage" : "FETCH",
"inputStage" : {
"stage" : "IXSCAN",
"keyPattern" : {
"isbn" : 1,
"name" : 1
},
"indexName" : "isbn_1_name_1",
...
```

这意味着使用了 isbn：1 和 name：1 的索引而不是新创建的索引。开发人员还可以在输出的 rejectedPlans 子文档中查看索引。

```
...
"rejectedPlans" : [
{
"stage" : "FETCH",
"inputStage" : {
"stage" : "IXSCAN",
"keyPattern" : {
"isbn" : 1
},
"indexName" : "isbn_1",
...
```

这实际上是正确的，因为 MongoDB 正在尝试重用比通用索引更具体的索引。

需要注意的是，在 isbn_1 索引的性能优于 isbn_1_name_1 索引的情况下，我们可能会遇到麻烦。

可以强制 MongoDB 使用新创建的索引，如下所示。

```
> db.books.find({isbn:
"1001"}).hint("international_standard_book_number_index")
.explain()
{
...
    "winningPlan" : {
        "stage" : "FETCH",
        "inputStage" : {
        "stage" : "IXSCAN",
        "keyPattern" : {
```

```
        "isbn" : 1
    },
...
```

现在，winningPlan 子文档包含索引 isbn_1，并且没有 rejectedPlans 元素：它是结果集中的空数组。

不能将 hint() 与特殊类型的文本索引一起使用。

1. 提示和稀疏索引

设计中的稀疏索引不包括基于字段存在与否的索引中的一些文档。可能包含索引中不存在的文档的查询将不使用稀疏索引。

使用带有稀疏索引的 hint() 可能会导致计数错误，因为它强制 MongoDB 使用可能不包含我们想要的所有结果的索引。

默认情况下，旧版本的 2dsphere、2d、geoHaystack 和文本索引是稀疏的。

hint() 应谨慎使用，并在仔细考虑其含义后使用。

2. 在副本集上构建索引

在副本集中，如果开发人员发出 createIndex() 命令，辅助服务器将在主服务器创建完成后开始创建索引。类似地，在分片环境中，主服务器将开始构建索引，辅助服务器将在每个分片的主服务器完成之后开始。

在副本集中构建索引的推荐方法如下。

● 停止副本集中的一个辅助服务器。
● 将其重新启动为另一个端口中的独立服务器。
● 从 shell 构建索引作为独立索引。
● 重新启动副本集中的辅助服务器。
● 允许辅助服务器赶上主服务器。

在主服务器中需要有足够大的 oplog 日志来确保辅助服务器能够在重新连接后赶上。这是一个手动过程，涉及每个主 / 辅助服务器的若干个步骤。

可以对副本集中的每个辅助服务器重复此方法。然后，对于主服务器，可以执行以下任意操作。

（1）在后台构建索引。

（2）使用 rs.stepDown() 逐步关闭主服务器，然后重复上述过程，将该服务器作为辅助服务器。

使用上述方法 2，当主服务器逐步关闭时，集群将不会进行任何写入操作。在此 30 ～ 60 秒（一般来说可能会更短）期间，应用程序不应该超时。

如果在主服务器中构建的是后台索引，那么在辅助服务器中构建的也是后台索引。这可能会在索引创建期间影响服务器中的写入操作，但正向的一面则是完全没有手动步骤。能拥有一个反映生产和预投票（Dry Run）操作的暂存阶段环境（Staging Environment）始终是一个好主意（这些操作会影响暂存阶段环境中的实时集群）因为这样可以避免意外。

6.3.2 管理索引

本节将介绍如何为索引提供人性化的名称，以及开发人员在使用索引时必须牢记的特殊注意事项和限制。

1. 命名索引

默认情况下，MongoDB 将根据索引的字段和索引的方向 (1,-1) 自动分配索引名称。如果想要指定自己的名字，可以在创建时进行如下操作。

```
> db.books.createIndex( { isbn: 1 }, { name:
"international_standard_book_number_index" } )
```

在上面的示例中，自定义了一个新索引，它没有采用 MongoDB 的命名（"isbn_1"），而是指定名称为 international_standard_book_number_index。

> 🔍 可以使用 db.books.getIndexes() 查看 books 集合中的所有索引。完全合格的索引名称必须小于或等于 128 个字符。这还包括 database_name（数据库名）、collection_name（集合的名称）和分隔它们的点。

2. 特别注意事项

以下是关于索引问题要记住的一些限制。

- 索引条目必须小于 1024 字节。这主要是内部考虑因素，但如果开发人员遇到了索引问题，则可以先从这方面进行排查。
- 集合最多可包含 64 个索引。
- 复合索引最多可包含 31 个字段。
- 特殊索引不能在查询中组合。这包括必须使用特殊索引的特殊查询操作符，例如文本索引的 $text，地理空间索引的 $near。这是因为 MongoDB 虽然可以使用多个索引来执行查询，但并非在所有情况下都可以。有关此问题的更多信息，请参见第 6.4 节"高效使用索引"的"索引交集"部分。

● 多键和地理空间索引无法覆盖查询。这意味着单独的索引数据不足以完成查询，MongoDB 需要处理基础文档以获取完整的结果集。

● 索引对字段具有唯一性约束。开发人员无法在相同的字段上创建多个索引，仅在选项上有所不同。这是稀疏索引和部分索引的限制，因为我们无法为这些仅在过滤查询中有所不同的索引创建多个变体。

6.4　高效使用索引

创建索引并不是一个可以随意为之的决定。虽然通过 shell 创建索引非常简单，但是，如果开发人员最终得到太多索引或效率较低的索引，那么这可能会产生问题。本节将学习如何衡量现有索引的性能、一些提高性能的技巧，以及如何整合索引数量以便开发人员可以获得性能更好的索引。

测量性能

要优化索引的性能，首先必须先了解它。了解索引性能的第一步是学习如何使用 explain() 命令。explain() 命令是一个性能诊断工具，当与查询结合使用时，explain() 命令将返回一个查询计划（Query Plan），MongoDB 将用于此查询的就是这个查询计划而不是实际结果。

explain() 可通过在查询结尾处链接它来调用，如下所示。

```
> db.books.find().explain()
```

它可以有 3 个选项：queryPlanner（默认值）、executionStats 和 allPlansExecution。要获得最详细的输出，可以使用 allPlansExecution。

```
> db.books.find().explain("allPlansExecution")
```

在这里，开发人员可以获得最优的查询计划的信息，以及在计划阶段已经考虑但由于查询计划程序（Query Planner）认为速度较慢而被拒绝的查询计划的部分信息。无论如何，explain() 命令将返回一个相当详细的输出，允许开发人员深入了解查询计划的工作方式以返回结果。

乍一看，需要关注认为应该使用的索引是否正在使用，以及已扫描文档的数量是否尽可能匹配返回文档的数量。

对于第一项，可以检查 stage 字段并查找 IXSCAN，因为它意味着使用了索引。然后在兄弟 indexName 字段中，应该看到预期索引的名称。

对于第二项，需要将 keysExamined 与 nReturned 字段进行比较。理想情况下，希望索引在查询方面尽可能具有选择性，这意味着要返回 100 个文档，而这些文档都是经过索引检查的 100 个文档。

当然，这是一个需要权衡的问题，因为索引的数量和集合的规模都会增加。每个集合可以有一个有限数量的索引，并且计算机的 RAM 肯定是有限的，所以能容纳的索引数量也必然是有限的，开发人员必须在可以拥有的最佳索引数量和这些索引无法纳入 RAM 中导致处理速度变慢之间进行权衡。

1. 提高性能

一旦开发人员了解并熟悉了如何为用户测量最常见和最重要查询的性能，就可以开始尝试改进它们。

一般的思路是，当开发人员预计或已经有可重复的查询开始运行缓慢时，即需要进行索引。当然，索引并不是免费使用的，因为它们在创建和维护时会产生开销，从而可能造成性能损失。但对于频繁的查询而言，它们更加值得。如果设计正确的话，还可以减少数据库中的锁定百分比。

重新阅读第 6.3.2 节 "管理索引" 中提出的特别注意事项和建议，开发人员应确保自己的索引具有以下特点。

● 可容纳于 RAM 中。
● 确保选择性。
● 用于对查询结果进行排序。
● 用于最常见和最重要的查询。

通过在集合中使用 getIndexes() 并且不创建大型索引，可以确保索引容纳在 RAM 中。此外，还可以检查系统级可用 RAM 及是否正在使用交换（Swap）。

通过在查询的每个 IXSCAN 阶段中比较 nReturned 和 keysExamined，即可确保前面提到的选择性。我们希望这两个数字尽可能接近。

要确保索引用于对查询结果进行排序，可以使用复合索引（将作为整体使用及任何基于前缀的查询）的组合，并且还可以声明索引的方向与最常见的查询协调一致。

最后，将索引与查询需求对齐是一个应用程序使用模式的问题。应用程序使用模式可以发现大多数时候使用的是哪些查询，然后对这些查询使用 explain()，以识别每次使用的查询计划。

2. 索引交集

索引交集（Index Intersection）是指使用多个索引来完成查询的概念。这是最近添加的功能，它并不完美，但是开发人员可以利用它来整合自己的索引。

🛈　可以通过对查询使用 explain() 并在执行的查询计划中查看 AND_SORTED 或 AND_HASH 阶段来验证查询中是否发生了索引交集。

当开发人员通过对每个 OR 子句使用不同的索引来使用 OR（$or）查询时，可能会发生索引交集。当开发人员使用 AND 查询，并且对于每个 AND 子句都有完整的索引（或者部分或全部子句都有索引前缀）时，也可能会发生索引交集。

例如，可以对 books 集合执行以下查询。

```
> db.books.find({"isbn":"101","price":{$ gt:20}})
```

在以上示例中有两个索引，一个在 isbn 而另一个在 price 上，MongoDB 可以使用每个索引来获取相关结果，然后在索引结果上相交以获得结果集。

正如本章前文所述，使用复合索引之后，开发人员可以使用索引前缀来支持包含 n 个字段复合索引的前 1 ～（n-1）个字段的查询。

使用复合索引无法支持的查询是：查找复合索引中的字段的查询，因为缺少一个或多个先前定义的字段。

💡　有关订购方面的事宜可以使用复合索引。

为了满足这些查询，开发人员可以在各个字段上创建索引，然后使用索引交集并实现自己的需求。这种方法的缺点是，随着字段数 n 的增加，开发人员必须创建的索引数量呈指数级增长，从而增加了对存储和内存的需求。

索引交集不适用于 sort() 排序。开发人员不能使用一个索引进行查询，同时又使用一个不同的索引将 sort() 应用于结果。

但是，如果有一个索引可以同时满足这两者（即查询的部分或全部 AND sort() 字段），则可以使用此索引。

6.5　参考资料

http://bigocheatsheet.com/

https://commons.wikimedia.org/

https://docs.mongodb.com/manual/core/index-intersection/

6.6　小　　结

本章详细介绍了 MongoDB 索引相关知识。从索引和索引内部的底层联系开始，本章讨论了 MongoDB 中可用的不同索引类型，以及开发人员使用它们的一些技巧和要点。MongoDB 中的索引类型包括：单字段索引、复合索引、多键索引，以及一些特殊类型的索引，如文本索引、哈希索引、生存时间（TTL）索引、部分索引、稀疏索引、唯一索引、不区分大小写索引和地理空间索引等。

本章还介绍了如何使用 shell 构建和管理索引，这是系统管理和数据库管理的基础部分，甚至对于 NoSQL 数据库也是如此。最后，本章讨论了如何在高层次上改进索引，以及如何在实践中使用索引交集来合并索引的数量。

下一章将讨论如何监控 MongoDB 集群并保持一致的备份。此外，还将介绍如何处理 MongoDB 中的安全性问题。

第 7 章　监控、备份和安全性

本章将讨论 MongoDB 的操作方面的知识。监控、备份和安全性不应该有侥幸心态和"亡羊补牢"的想法，而应该是在生产环境中部署 MongoDB 之前即"未雨绸缪"的必要过程。此外，开发人员可以并且应该使用监控来在开发阶段进行故障排除和改进性能。

本章将详细介绍一种备份策略，该策略可以生成正确且一致的备份，并确保备份策略能够在出现糟糕局面的情况下运行。最后，本章将从许多不同的方面讨论 MongoDB 的安全性，例如身份验证、授权、网络级安全性，以及如何审核安全设计。

本章将要讨论的主题包括以下内容。

- 应该监控的重点内容
- 监控 WiredTiger 中的内存使用情况
- 跟踪页面错误
- 跟踪 B 树未命中的情况
- 工作集计算
- 监控工具
- 备份选项
- 身份验证
- 授权机制

7.1　监　　控

在设计软件系统时，做了许多明确和隐含的假设。开发人员总是试图根据自己所掌握的知识做出最好的决定，但仍可能有一些参数没有考虑到或可能被低估。

通过监控操作，我们可以验证自己的假设，验证应用程序是否按预期执行，并按预期进行扩展。良好的监控系统对于检测软件中存在的错误，以及帮助检测早期潜在的安全事件也至关重要。

7.1.1　应该监控的重点内容

到目前为止，MongoDB 中最重要的监控指标是内存使用情况。MongoDB（以及所有其他数据库系统）广泛使用了系统内存来提高性能。因此，无论开发人员使用的是 MMAPv1 还是 WiredTiger 存储，首先应该关注的都是内存的使用情况。

了解计算机内存的工作原理可以帮助开发人员评估监控系统的指标。以下是与计算机内存相关的最重要的概念。

1. 页面错误

RAM 昂贵且快速。硬盘驱动器或固态硬盘相对更便宜，速度更慢，但是在系统和电源故障的情况下也为数据提供了持久性的保存结果。所有的数据都存储在磁盘上，当执行查询时，MongoDB 将尝试从内存中获取数据。如果数据不在内存中，那么它将从磁盘获取数据并将其复制到内存中。这是一个页面错误（Page Fault）事件，因为内存中的数据是按页面组织的。

当页面错误发生时，内存会被填满，最终需要清除某些页面，以便更新的数据进入内存。这称为页面回收事件（Page Eviction Event）。我们不能完全避免页面错误，除非有一个真正静态的数据集，但我们希望尝试最小化页面错误，这可以通过将工作集保存到内存中来实现。

2. 驻留内存

驻留内存（Resident Memory）的大小是 MongoDB 在 RAM 中拥有的内存总量。这是要监控的基本度量标准，应该小于可用内存的 80%。

3. 虚拟和映射内存

当 MongoDB 请求内存地址时，操作系统将返回一个虚拟地址。这可能是也可能不是 RAM 中的实际地址，具体取决于数据所在的位置。MongoDB 将使用此虚拟地址来请求基础数据。当开发人员启用 Journaling 日记功能时（几乎应该总是这样），MongoDB 将为 Journaling 记录的数据保留另一个记录地址。虚拟内存（Virtual Memory）是指 MongoDB 请求的所有数据的大小，包括 Journaling 日记。

> 💡 TIP 映射内存（Mapped Memory）不包括 Journaling 日记引用。

所有这一切意味着：随着时间的推移，映射内存将大致等于工作集，而虚拟内存大约是映射内存总量的两倍。

4. 工作集

工作集（Working Set）是 MongoDB 使用的数据大小。对于事务性数据库，这将最终成为 MongoDB 持有的数据大小，但在某些情况下，可能会有完全没有使用到的集合，因此不会对工作集有所贡献。

7.1.2 监控 WiredTiger 中的内存使用情况

了解 MMAPv1 中的内存使用情况相对简单。MMAPv1 将使用底层的 mmap() 系统调用将内存页面的责任传递给底层操作系统，这就是为什么当我们使用 MMAPv1 时，由于操作系统试图将尽可能多的数据集放入内存中，因此内存使用量将无限增长。

另一方面，如果使用的是 WiredTiger，那么我们将在启动时定义内部缓存的内存使用情况。默认情况下，内部缓存最多是 RAM 的一半减去 1 GB，最少是 256 MB。详见本书第 8.1.1 节 "WiredTiger" 中的说明。

在内部缓存之上，MongoDB 还可以为其他操作分配内存，例如维护连接和数据处理（In-Memory 排序、MapReduce、聚合等）。

MongoDB 进程也将使用底层操作系统的文件系统缓存，就像在 MMAPv1 中一样。文件系统缓存中的数据将被压缩。

可以通过 mongo shell 查看 WiredTiger 缓存的设置，如下所示。

```
> db.serverStatus().wiredTiger.cache
```

开发人员可以使用 storage.wiredTiger.engineConfig.cacheSizeGB 参数调整其大小。

一般性的建议是将 WiredTiger 内部缓存大小保留为默认值。如果开发人员的数据具有较高的压缩比，则有必要考虑减少内部缓存大小的 10%～20%，以便为文件系统缓存释放更多的内存。

7.1.3 跟踪页面错误

页面错误的数量可以保持相当稳定，并且不会显著影响性能。但是，一旦页面错误的数量达到一定的阈值，则系统性能将迅速严重降级。这对于硬盘驱动器来说更加明显，而且也会影响固态硬盘驱动器。

要确保不会遇到与页面错误有关的问题，最好能始终具有一个与生产系统的设置相同的暂存阶段环境（Staging Environment）。此环境可用于对系统进行压力测试，从而了解系统可以处理多少页面错误而不会降低性能。然后，将生产系统中的实际页面错误数量与开发人员从暂存阶段环境系统计算出的最大页面错误数量进行比较，这样，开发人员就知道还留有多少余地。

另一种查看页面错误的方法是通过 shell 查看 extra_info 字段的 serverStatus 的输出，具体如下所示。

```
> db.adminCommand({"serverStatus" : 1})['extra_info']
```

```
{ "note" : "fields vary by platform", "page_faults" : 3465 }
```

如上面示例所见，这些字段在各个平台中可能不一样。

7.1.4　跟踪 B 树未命中的情况

正如本书第 6 章 "索引" 中所述，正确的索引是保持 MongoDB 响应和性能的最佳方式。B 树未命中（B-Tree Misses）是指当开发人员尝试访问 B 树索引时发生的页面错误。索引的使用一般来说是很频繁的，而且它与开发人员的工作集和可用内存相比相对较小，因此它们应始终在内存中。

如果有越来越多的 B 树未命中，或者 B 树命中（B-Tree Hits）/B 树未命中的比率降低，则表明索引规模增大和/或设计不合理。B 树未命中也可以通过 MongoDB Cloud Manager 或 shell 进行监控。

在 shell 中，开发人员可以使用集合统计信息来找到它。

1. I/O 等待

I/O 等待是指操作系统等待 I/O 操作完成的时间。它与页面错误具有显著的正相关性。如果看到 I/O 等待随着时间的推移而增加，则这显著表明页面错误也会随之而来。对于健康的运营集群来说，目标应该是保持 I/O 等待低于 60%～ 70%。

2. 读写队列

查看 I/O 等待和页面错误的另一种方法是观察读写队列。当遇到页面错误和 I/O 等待时，请求将不可避免地开始排队进行读取或写入。队列是影响而不是根本原因，所以当队列开始建立时，开发人员就应该知道有一个问题需要解决。

3. 锁定百分比

对于早期版本的 MongoDB 而言，锁定百分比很容易出问题；而在使用 WiredTiger 存储引擎时，通常很少出现这方面的问题。锁定百分比（Lock Percentage）显示数据库被锁定，等待使用独占锁定的操作来释放它的时间百分比。它通常应该很低，最多 10%～ 20%，如果因任何原因超过 50%，则应引起关注。

4. 后台冲刷

默认情况下，MongoDB 每隔 1 分钟将数据冲刷（Flush）到磁盘。后台冲刷是指数据持久存储到磁盘所需的时间。在每一分钟期间内不应超过 1 秒。

修改冲刷间隔可能有助于后台冲刷时间。通过更频繁地写入磁盘，可以减少要写入的数据，这在某些情况下可以使写入更快。

后台冲刷时间受写入负载影响，这一事实意味着：如果后台冲刷时间开始变得过高，那么开发人员应该考虑对数据库进行分片以增加写入容量。

5. 跟踪可用磁盘空间

使用 MMAPv1 时常见的问题是可用磁盘空间（使用 WiredTiger 时这个问题出现的频率较低）。与内存一样，开发人员需要跟踪磁盘空间使用情况并积极主动应对而不是被动处理。当磁盘空间达到 40%、60% 或 80% 的磁盘空间时，可以使用适当的警报监控磁盘空间的使用情况，尤其是对于快速增长的数据集而言，更应如此。

由于移动数据需要花费大量的时间，因此，磁盘空间问题通常会给系统管理员、运维人员和开发人员带来极大的麻烦。

💡 **TIP** directoryperdb 选项可以帮助进行数据大小调整，因为开发人员可以将存储划分成不同的物理安装磁盘。

6. 监控复制

副本集（Replica Set）使用 oplog 来保持同步状态。oplog 这个术语来源于 operations+log，意思就是"操作日志"。oplog 是 local 库下的一个固定集合，辅助服务器将通过查看主服务器的 oplog 这个集合来进行复制。每个节点都有 oplog，记录从主节点复制过来的信息，这样每个成员都可以作为同步源给其他节点。因此，oplog 可以说是 Mongodb 复制（Replication）的纽带。

每个操作都应用在主服务器上，然后写入主服务器的 oplog，这是一个上限集合。辅助节点将异步读取此 oplog 并逐个应用操作。

如果主服务器过载，则辅助服务器将无法足够快地读取和应用操作，从而产生复制延迟（Replication Lag）。复制延迟的计算方式是：应用于主服务器上的最后一个操作与存储在 oplog 上限集合中的辅助服务器上应用的最后一个操作之间的时间差。

例如，如果当前时间是下午 4:30:00，并且辅助服务器刚刚应用了下午 4:25:00 在主服务器上应用的操作，则这意味着辅助服务器落后于主服务器 5 分钟。

在生产系统集群中，复制延迟应该接近或等于零。

7. oplog 大小

副本集中的每个成员都将拥有 db.oplog.rs() 中的 oplog 副本。这样设计的原因是，如果主服务器宕机失效，其中一个辅助服务器将被选举为主服务器，并且需要有最新版本的 oplog 来让辅助服务器跟踪。

oplog 的大小是可配置的，开发人员应该尽可能地设置它。oplog 的大小不会影响内存使用情况，并且可以在出现操作问题时建立或中断数据库。

究其原因，如果复制延迟随着时间的推移而增加，则开发人员最终会达到这样一种程度，即辅助服务器将落后于主服务器，以至于它们将无法从主服务器的 oplog 中读取，因为主服务器的 oplog 中最旧的条目将会晚于辅助服务器中应用的最新条目。

一般来说，oplog 至少应该保持 1～2 天的操作。oplog 应该比初始同步所用的时间长，原因与前面详述的相同。

7.1.5　工作集计算

工作集是内存需求的最强指标。理想情况下，开发人员希望将整个数据集放在内存中，但大多数情况下这是不可行的。而次佳的做法就是将工作集放在内存中。工作集可以直接或间接计算。

以直接方式计算时，在 serverStatus 中有 workingSet 标志，它可以从 shell 中按如下方式调用。

```
> db.adminCommand({"serverStatus" : 1, "workingSet" : 1})
```

不幸的是，该功能在版本 3.0 中已被删除，因此我们将专注于计算 workingSet 的间接方法。

以间接方式计算时，工作集的数据大小需要满足 95% 或更多用户的请求。为了计算这一点，需要从日志中识别用户进行的查询，以及他们使用的数据集，然后再添加索引内存要求的 30%～50%，即可得到工作集计算结果。

另一种估算工作集大小的间接方法是页面错误的数量。如果没有出现页面错误，即可判断工作集可容纳于内存中。通过反复试验，可以估计页面错误开始发生的时间点，然后再次理解留有的余地。

如果无法在内存中使用工作集，那么至少应该有足够的内存，以便索引可以放在内存中。在本书第 6 章 "索引" 中详细描述了如何计算索引的内存需求，开发人员可以使用此计算来相应地调整 RAM 的大小。

7.1.6　监控工具

MongoDB 有若干种监控选择。本节将讨论如何使用 MongoDB 自己的工具或第三方工具进行监控。

1. 托管工具

MongoDB 公司自己的工具 MongoDB Cloud Manager（以前称为 MMS）是一个强大

的工具，用于监控前面描述的所有指标。MongoDB Cloud Manager 具有功能限制的免费套装版本和 30 天的试用版。

使用 MongoDB Cloud Manager 的另一个选择是通过 MongoDB 公司的 DBaaS 产品 MongoDB Atlas。这也有一个有功能限制的免费套装版本，并提供给了 3 个主要的云提供商（亚马逊、谷歌和微软）。

2. 开源工具

所有主要的开源工具，如 Nagios、Munin、Cacti 等，都为 MongoDB 提供了插件支持。虽然它超出了本书的讨论范围，但操作和运维人员应该熟悉设置和理解前文所描述的各项指标，以便有效地解决 MongoDB 问题，并且应该在问题超出掌控范围之前即提前解决，防止造成意外后果。

mongo shell 中的 mongotop、mongostat 和脚本也可用于临时监控。这种手动过程的风险之一是脚本的任何失败都可能危及我们的数据库。如果针对监控需求有众所周知且经过测试的工具，开发人员应该避免编写自己的工具。

7.2　备　　份

理查德，一句名言：

Hope for the best, plan for the worst（怀抱最好的希望，但做最坏的打算）

在为 MongoDB 设计备份策略时，这也是开发人员应该秉持的理念，因为无论设想得多么完美，在实际生产系统中仍可能会发生各种无法预料的故障事件。

如果出现问题，备份应该是进行灾难恢复策略的基石。一些开发人员可能依赖复制进行灾难恢复，因为看起来拥有 3 份数据副本已经足够了。如果其中一个副本消失，我们总是可以从其他两个副本重建集群。

在有些情况下确实如此，例如，当磁盘发生故障时。磁盘故障是生产集群中最常见的故障之一，并且一旦磁盘开始达到其平均故障间隔时间（Mean Time Between Failure，MTBF），从统计意义上就有很大的概率会发生故障。

但是，磁盘故障并不是唯一可能发生的故障事件。安全事件或纯粹的人为错误也很可能发生，所以它们也应该成为开发人员未雨绸缪的一部分。

诸如火灾、洪水、地震之类不可抗力所造成的灾难，甚至心怀不满的员工恶意制造的破坏等，这些意外事件都可能导致生产系统立即失去所有副本集成员，但是这些故障都不应导致生产数据的丢失。

> 🅣🅘🅟　在复制和实现适当备份之间的中间地带，一个有用的中间过渡选项可以是设置延迟的副本集成员。此成员可能会滞后于主服务器几个小时或几天，因此不会受到主服务器中恶意更改的影响。需要考虑的重要细节是，需要配置 oplog，以便它可以保持几个小时的延迟，并且此解决方案只是过渡性的，因为它没有考虑到开发人员需要执行灾难恢复的全部原因，但这也绝对可以起一定的帮助作用。

这就是所谓的灾难恢复（Disaster Recovery）。灾难恢复应对的是一类故障，它不仅需要定期进行备份，还需要在备份的过程中，在地理位置上和对生产数据的访问规则这两个方面，真正做到隔离。

7.2.1　备份选项

根据我们的部署策略，可以选择不同的备份选项。

1. 基于云的解决方案

如果使用云 DBaaS 解决方案，那么这就是最直接的解决方案。在 MongoDB 公司自己的 MongoDB Atlas 示例中，开发人员可以从图形用户界面（Graphical User Interface，GUI）管理备份。

如果开发人员在自己的服务器中托管 MongoDB，则可以使用 MongoDB 公司的 MongoDB Cloud Manager（以前的 MMS 工具）。Cloud Manager 是一个软件即服务（Software-as-a-Service，SaaS），开发人员可以指向自己的服务器来监控和备份数据。它使用与复制相同的 oplog，并可以备份副本集和分片集群。

如果开发人员不希望（或出于安全原因）将自己的服务器指向外部 SaaS 服务，则可以使用 MongoDB Ops Manager 在本地使用 Cloud Manager 的功能。要获得 MongoDB Ops Manager，开发人员需要为自己的集群订阅 MongoDB 企业高级版（MongoDB Enterprise Advanced Edition）。

2. 使用文件系统快照进行备份

过去最常用的备份方法仍然是广泛使用的备份方法，它依赖于底层文件系统的时间点快照（Point-In-Time Snapshot）功能来备份数据。

亚马逊弹性计算云（Elastic Compute Cloud，EC2）上的弹性块存储（Elastic Block Store，EBS）和 Linux 上的逻辑卷管理（Logical Volume Manager，LVM）均支持时间点快照功能。

关于备份副本集：

如果将 WiredTiger 与最新版本的 MongoDB 一起使用，那么即使数据和 Journaling 日志文件位于不同的卷中，开发人员也可以进行卷级备份。

要备份副本集，开发人员需要让数据库保持一致状态，这意味着需要将所有写入提交到磁盘或 Journaling 日记文件中。

如果使用的是 WiredTiger 存储，那么快照将与最新检查点（Checkpoint）保持一致，最新检查点要么是 2 GB 数据，要么是最后一分钟的数据。

请确保将快照存储在异地卷中以用于灾难恢复。开发人员需要启用 Journaling 日记功能以使用时间点快照。无论如何，启用 Journaling 日记功能都是值得提倡的做法。

3. 备份分片集群

如果开发人员想要备份整个分片集群，则需要在启动之前停止均衡器。原因是如果在获取快照时在不同的分片之间有块迁移，那么数据库将处于一个不一致的状态，其中包含在获取快照时正在传输的不完整或重复的数据块。

整个分片集群的备份将采用近似时间（Approximate-In-Time）。如果开发人员需要精确的时间点精度，则必须停止数据库中的所有写入操作，而这对于生产系统来说通常是无法实现的。

首先，需要通过 mongo shell 连接到 mongos 来禁用均衡器。

```
> use config
> sh.stopBalancer()
```

然后，如果在辅助服务器中没有启用 Journaling 日记功能，或者在不同的卷中有 Journaling 日记和数据文件，则开发人员需要为所有分片和配置服务器副本集锁定辅助服务器的 mongod 实例。

在这些服务器中还需要拥有足够的 oplog 大小，以使它们能够在解锁后一次性赶上主服务器，否则开发人员需要从头开始重新同步它们。

假定开发人员不需要锁定辅助服务器，那么下一步就是备份配置服务器。可以在 Linux 中使用 LVM，具体如下所示。

```
$ lvcreate --size 100M --snapshot --name snap-14082017 /dev/vg0/
mongodb
```

接着，需要为每个分片中的每个副本集中的单个成员重复相同的过程。

最后，还需要重新启动均衡器，其方法和停止的方法是一样的，都是在 mongo shell 中操作，如下所示。

```
> sh.setBalancerState(true)
```

虽然在此没有更详细的说明，但显然备份分片集群是一个复杂且耗时的过程，需要事先进行规划和大量测试，以确保它不仅能以最小的中断时间为代价进行工作，而且备份也可以使用并且可以恢复到集群。

4. 使用 mongodump 备份

mongodump 是一个命令行工具，它可以取出 MongoDB 集群中的数据备份。就这一点而言，其缺点是在恢复时，需要重新创建所有索引，这可能是耗时的操作。

mongodump 工具还有一个主要缺点是，要将数据写入磁盘，首先需要将内部 MongoDB 存储中的数据传输到内存。这意味着，如果生产集群在压力下运行，mongodump 将使工作集中驻留在内存中的数据无效，并且数据在常规操作中不会驻留在内存中，从而降低了集群的性能。

从好的方面来说，当开发人员使用 mongodump 时，可以继续在集群中进行写操作。如果开发人员有一个副本集，则可以使用 --oplog 选项在 mongodump 操作期间包含在其输出 oplog 条目中。

如果选择该备份方法，则开发人员需要在使用 mongorestore 工具的同时加上 --oplogReplay 选项，以便将数据恢复到 MongoDB 集群中。

mongodump 是单一服务器部署的一个很好的工具，但是，一旦需要进行更大规模的部署，则应该考虑使用不同的、更好的计划方法来备份数据。

5. 通过复制原始文件进行备份

如果不想使用前面提到的任何选项，则最后一种方法是使用 cp/rsync 或类似的东西来复制原始文件。一般来说不建议这样做，具体原因如下。

● 在复制文件之前需要停止所有写入操作。

● 备份的大小将更大，因为需要复制索引，以及任何底层填充和碎片存储开销。

● 无法使用此方法对副本集进行时间点恢复，并且要以一致且可预测的方式从分片集群中复制数据也非常困难。

💡 除非没有其他选择，否则不宜采用这种方法。

6. 使用排队备份

在实践中使用的另一种策略是利用排队系统（Queueing System）拦截数据库和前端软件系统。在对数据库进行插入／更新／删除之前，使用类似 ActiveMQ 队列的东西意味着可以安全地将数据发送到不同的接收端（Sink），这些接收端是 MongoDB 服务器或单独存储库中的日志文件。与延迟副本集方法一样，此方法对于一类备份问题可能很有用，但对于其他一些问题可能会失败。

💡 这是一种很有用的过渡性解决方案，但不应用作永久性方法。

7.2.2 EC2 备份和还原

MongoDB Cloud Manager 可以自动从 EC2 卷中获取备份，并且由于数据已经位于云中，所以使用 Cloud Manager 是最自然不过的选择。

如果由于某种原因，开发人员无法使用它，则可以考虑编写一个脚本来使用以下步骤进行备份。

- 假设已经启用了 Journaling 日记功能（也确实应该启用该功能），并且已经将包含数据和 Journaling 日记文件的 dbpath 映射到单个 EBS 卷，则开发人员需要首先使用 ec2-describe-instances 找到与正在运行的实例关联的 EBS 块实例。
- 下一步是使用 lvdisplay 查找 mongodb 数据库的 dbpath 映射到的逻辑卷。
- 一旦从逻辑卷中识别出逻辑设备，即可使用 ec2-create-snapshot 来创建新的快照。开发人员需要包含映射到 dbpath 目录的每个逻辑设备。

要验证备份是否有效，需要根据快照创建新卷并在那里安装新卷。最后，mongod 进程应该能够开始安装新数据，开发人员应该使用 mongo 进行连接来验证这些数据。

7.2.3 增量备份

对于某些部署而言，每次都进行全量备份（Full Backup）是可行的，但随着大小达到某个阈值，全量备份会占用太多时间和空间。

此时，开发人员会希望每隔一段时间（例如，一个月）进行量备份，并在两者之间进行增量备份（Incremental Backup），例如，每晚一次。

　　Ops Manager 和 Cloud Manager 都支持增量备份，如果达到一定的大小，那么使用工具来备份而不是自己进行备份可能是个好主意。

　　如果由于某种原因，开发人员不想或不能使用这些工具，则可以选择通过 oplog 进行恢复，具体如下所示。

- 使用先前描述的任何方法进行完全备份。
- 锁定在副本集的辅助服务器上的写入操作。
- 注意在 oplog 中的最新条目。
- 在 oplog 中的最新条目之后导出 oplog 中的条目如下所示。

```
> mongodump --host <secondary> -d local -c oplog.rs -o /mnt/mongo-
oldway_backup
    --query '{ "ts" : { $gt :         Timestamp(1467999203, 391) } }'
```

- 解锁辅助服务器上的写入操作。

　　要执行恢复操作，可以使用刚刚导出的 oplog.rs 文件，并使用带有选项 --oplogReplay 的 mongorestore。

```
> mongorestore -h <primary> --port <port> --oplogReplay
<data_file_position>
```

　　💡 此方法需要锁定写入，并且可能在将来的版本中不起作用。

　　更好的解决方案是将 LVM 文件系统与增量备份一起使用，但这取决于底层 LVM 实现。对于这个底层 LVM 实现，开发人员可能可以进行调整，也可能无法调整。

7.3　安　全　性

　　安全性是 MongoDB 集群中的一个多方面目标。在本章的其余部分，我们将研究不同的攻击矢量（Attack Vector）及如何防范它们。除了本节所介绍的最佳实践之外，开发人员和管理员还必须牢固掌握和使用一些安全性常识，以便安全性措施仅与操作目标匹配。

7.3.1　身份验证

　　身份验证（Authentication）是指验证客户端的身份。这可以防止冒充他人以获取对数据的访问权限。

最简单的身份验证方法是使用用户名/密码对。这可以通过 shell 以两种方式完成。

```
> db.auth( <username>, <password> )
```

传入以逗号分隔的用户名和密码，其余字段采用默认值。

```
> db.auth( {
    user: <username>,
    pwd: <password>,
    mechanism: <authentication mechanism>,
    digestPassword: <boolean>
} )
```

如果传递的是一个文档对象，则可以定义比 username/password 更多的参数。

身份验证的 mechanism 参数可以采用若干个不同的值，默认值为 SCRAM-SHA-1。参数值 MONGODB-CR 用于向后兼容 3.0 之前的版本。

MONGODB-X509 用于 TLS/SSL 身份验证。用户和内部副本集服务器可以使用 SSL 证书进行身份验证，SSL 证书是自行生成和签名的，或来自受信任的第三方机构。

要配置 X509 以进行副本集成员的内部身份验证，开发人员需要提供以下任一参数。以下是在配置文件中的设置。

```
security.clusterAuthMode / net.ssl.clusterFile
```

或者在命令行上按如下方式设置。

```
--clusterAuthMode and --sslClusterFile
> mongod --replSet <name> --sslMode requireSSL --clusterAuthMode x509 --
sslClusterFile <path to membership certificate and key PEM file> --
sslPEMKeyFile <path to SSL certificate and key PEM file> --sslCAFile
<path
to root CA PEM file>
```

MongoDB 企业版是 MongoDB 公司的付费产品，增加了两个身份验证选项。

第一个添加的选项是 GSSAPI（erberos）。Kerberos 是一种成熟且强大的身份验证系统，可用于基于 Windows 的 Active Directory 部署。

第二个添加的选项是 PLAIN（LDAP SASL）。LDAP 就像 Kerberos，同样是一个成熟而强大的身份验证机制。使用 PLAIN 认证机制时的主要考虑因素是凭证通过线路以明文传输，这意味着开发人员应该通过 VPN 或 TSL/SSL 连接来保护客户端和服务器之间的路径，以避免中间人窃取凭据。

7.3.2　授权机制

在配置身份验证以验证用户是否是他们在连接到 MongoDB 服务器时所声称的用户之后，开发人员还需要配置每个用户在数据库中拥有的权限。

这就是授权（Authorization）机制。MongoDB 将使用基于角色的访问控制来控制不同用户类的权限。

每个角色都有权对资源执行某些操作。

资源可以是某个集合或数据库，也可以是任何集合或任何数据库。

命令的格式如下。

```
{ db: <database>, collection: <collection> }
```

如果为 db 或 collection 指定 ""（空字符串），则表示任何 db 或 collection。如下所示。

```
{ db: "mongo_books", collection: "" }
```

这将在数据库 mongo_books 中的每个集合中应用示例操作。

> 💡 如果数据库不是 admin 数据库，则这将不包括系统集合。系统集合是需要明确定义的，例如 <db>.system.profile、<db>.system.js、admin.system.users 和 admin.system.roles。

与前面类似，也可以定义。

```
{ db: "", collection: "" }
```

在定义之后，即可将此规则应用于所有数据库中的所有集合，当然，系统集合仍然排除在外。

还可以在整个集群中应用规则，如下所示。

```
{ resource: { cluster : true }, actions: [ "addShard" ] }
```

上面的示例可以为整个集群中的 addShard 操作（向系统中添加新的分片）授予权限。注意，集群资源只能用于影响整个集群的操作，而不能用于仅影响集合或数据库的操作。影响整个集群的操作如：shutdown、replSetReconfig、appendOplogNote、resync、closeAllDatabases 和 addShard。

以下是和集群相关的操作，以及一些最广泛使用的操作列表。

最常用的操作列表如下。

- find
- insert
- remove
- update
- bypassDocumentValidation
- viewRole/viewUser
- createRole/dropRole
- createUser/dropUser
- inprog
- killop
- replSetGetConfig/replSetConfigure/replSetStateChange/resync
- getShardMap/getShardVersion/listShards/moveChunk/removeShard/addShard
- dropDatabase/dropIndex/fsync/repairDatabase/shutDown
- serverStatus/top/validate

和集群相关的操作如下。

- unlock
- authSchemaUpgrade
- cleanupOrphaned
- cpuProfiler
- inprog
- invalidateUserCache
- killop
- appendOplogNote
- replSetConfigure
- replSetGetConfig
- replSetGetStatus
- replSetHeartbeat
- replSetStateChange
- resync
- addShard
- flushRouterConfig
- getShardMap

- listShards
- removeShard
- shardingState
- applicationMessage
- closeAllDatabases
- connPoolSync
- fsync
- getParameter
- hostInfo
- logRotate
- setParameter
- shutdown
- touch
- connPoolStats
- cursorInfo
- diagLogging
- getCmdLineOpts
- getLog
- listDatabases
- netstat
- serverStatus
- top

如果这听起来太复杂，那是因为它确实很复杂。MongoDB 允许在资源上配置不同操作的灵活性意味着开发人员需要研究和理解上面介绍的扩展列表。

好在有一些最常见的操作和资源都已经捆绑在内置角色中。

开发人员可以使用内置角色来建立将要为用户提供的基础权限，然后再根据扩展列表来细化这些权限。

1. 用户角色

可以指定以下两种不同的通用用户角色。

- read：跨非系统集合和部分系统集合（例如 system.indexes、system.js 和 system.namespaces 集合）的只读角色。
- readWrite：跨非系统集合和 system.js 集合的读取和修改角色。

2. 数据库管理角色

有 3 个与数据库相关的管理角色，如下所示。

- dmin：基本管理员用户角色，可执行与模式相关的任务、索引、收集统计信息。dbAdmin 无法执行用户和角色管理。
- userAdmin：创建和修改角色和用户。这是 dbAdmin 角色的补充。

> 💡 userAdmin 可以自行修改以成为数据库中的超级用户，或者，如果作用于 admin 数据库，则可以修改 MongoDB 集群。

- dbOwner：结合了 readWrite、dbAdmin 和 userAdmin 角色，这也是最强大的管理员用户角色。

3. 集群管理角色

以下是集群范围内可用的管理角色。

- hostManager：监控和管理集群中的服务器。
- clusterManager：在集群上提供管理和监控操作，具有此角色的用户可以分别访问分片和复制中使用的配置和本地数据库。
- clusterMonitor：MongoDB 提供的监控工具的只读访问权限，例如 MongoDB Cloud Manager 和 Ops Manager 代理。
- clusterAdmin：提供最佳的集群管理访问。此角色组合了 clusterManager、clusterMonitor 和 hostManager 角色授予的权限。此外，该角色还提供了 dropDatabase 操作。

4. 备份还原角色

基于角色的授权角色也可以在备份还原粒度级别中定义。

- backup：提供备份数据所需的权限。此角色提供了足够的权限来使用 MongoDB Cloud Manager 备份代理、Ops Manager 备份代理或使用 mongodump。
- restore：提供使用 mongorestore 还原数据所需的权限，但是没有 --oplogReplay 选项或没有 system.profile 集合数据。

5. 跨越所有数据库的角色

以下是跨越所有数据库可用的角色集。

- readAnyDatabase：提供与 read 相同的只读权限，但它适用于集群中除本地和配置数据库之外的所有数据库。该角色还可以为整个集群提供 listDatabases 操作。

- readWriteAnyDatabase：提供与 readWrite 相同的读写权限，但它适用于集群中除本地和配置数据库之外的所有数据库。该角色还可以为整个集群提供 listDatabases 操作。
- userAdminAnyDatabase：提供与 userAdmin 相同的用户管理操作访问权限，但它适用于集群中除本地和配置数据库之外的所有数据库。

> 💡 由于 userAdminAnyDatabase 角色允许用户向任何用户（包括他们自己）授予任何权限，因此该角色还间接提供超级用户访问权限。

- dbAdminAnyDatabase：提供与 dbAdmin 相同的数据库管理操作访问权限，但它适用于除集群中的本地和配置数据库之外的所有数据库。该角色还可以在整个集群上提供 listDatabases 操作。

6. 超级用户

最后，以下是可用的超级用户角色。

- root：提供对 readWriteAnyDatabase、dbAdminAnyDatabase、userAdminAnyDatabase、clusterAdmin、restore 和 backup 组合的操作和所有资源的访问。
- __internal：与 root 用户类似，任何 __internal 用户都可以对服务器上的任何对象执行任何操作。

> 💡 应该避免使用超级用户角色，因为它们对服务器上的所有数据库都具有潜在性破坏权限。

7.3.3　网络级安全性

除了 MongoDB 特定的安全性措施外，网络级安全性还有以下最佳实践。

- 仅允许服务器之间的通信，并且仅打开用于在它们之间进行通信的端口。
- 始终使用 TLS/SSL 进行服务器之间的通信。这可以防止冒充客户端的中间人攻击。
- 始终使用不同的开发、暂存阶段、生产环境和安全凭证集合。理想情况下，可以为每个环境创建不同的账户，并在暂存阶段和生产环境中启用双因素身份验证。

7.3.4　审计安全性

无论规划采取了多少安全措施，组织之外的第二双或第三双眼睛都可以对安全措施给出不同的看法，并发现可能没有想到过或低估的问题。如果可能的话，应该欢迎安全专家／白帽黑客在服务器上进行渗透测试。

7.3.5 特别案例

出于数据隐私原因，医疗或金融应用程序需要更高级别的安全性。

如果开发人员要在医疗保健领域构建应用程序，访问用户的个人身份信息，则可能需要获得健康保险携带和责任法案（Health Insurance Portability and Accountability Act/1996，Public Law 104-191，HIPAA）认证。

如果开发人员正在构建与付款交互并管理持卡人信息的应用程序，则可能需要符合支付卡行业（Payment Card Industry，PCI）数据安全标准（Data Security Standard，DSS），即所谓的 PCI/DSS 标准。

虽然上述每个认证的细节都超出了本书的范围，但重要的是要知道 MongoDB 在这些领域中具有满足要求的用例，因此，就这一点来说，它可以是提前经过适当设计的合适的工具。

7.3.6 综述

总结一下，有关安全性的最佳实践建议如下。
- 强制身份验证：始终在生产环境中启用身份验证。
- 启用访问控制：首先创建系统管理员，然后使用此管理员创建更多受限用户。为每个用户角色提供所需的权限。
- 在访问控制中定义细粒度角色，不要为每个用户提供比其所需更多的权限。
- 加密客户端和服务器之间的通信：始终使用 TLS/SSL 进行生产环境中客户端和服务器之间的通信。始终使用 TLS/SSL 进行 mongod 和 mongos 或配置服务器之间的通信。
- 加密静态数据：MongoDB 企业版提供了在存储时加密数据的功能，使用静态的 WiredTiger 加密。

> **TIP** 或者，开发人员也可以使用文件系统、设备或物理加密来加密数据。在云中，通常还具有加密选项，例如，在亚马逊 EC2 上使用 EBS。

- 限制网络公开：MongoDB 服务器应仅连接到应用程序服务器和操作所需的任何

其他服务器。除了开发人员为 MongoDB 通信设置的端口之外，其他的端口都不应该向外界开放。

💡　如果想调试 MongoDB 的使用，就设置一个具有受控访问权限的代理服务器来与数据库进行通信非常重要。

● 审计异常活动的服务器：MongoDB Enterprise Edition 提供了一个用于审计的实用程序。使用它可以将事件输出到控制台、JSON 文件、BSON 文件或 syslog。在任何情况下，确保审核事件存储在系统用户无法使用的分区中非常重要。
● 使用专用的操作系统用户运行 MongoDB。确保专用操作系统用户可以访问 MongoDB，但没有不必要的权限。
● 如果不需要，应禁用 JavaScript 服务器端脚本。

MongoDB 可以使用 JavaScript 作为服务器端脚本，并且可以使用以下命令：mapReduce()、group()、$where。如果不需要这些命令，则应该在命令行上使用 --noscripting 选项禁用服务器端脚本。

7.4　小　　结

本章详细阐述了 MongoDB 的 3 个操作方面的内容，即监控、备份和安全性。

本章讨论了应该在 MongoDB 中监控的指标及监控它们的方法。接下来，介绍了如何进行备份并确保用户可以使用它们来恢复数据。最后，通过身份验证、授权、网络级安全性，以及审核等概念阐述了安全性设置。

根据需要设计、构建和扩展应用程序固然非常重要，但同样重要的是确保在运维期间可以安然无忧，并防止出现意外事件。

第 8 章将介绍可插拔存储引擎（Pluggable Storage Engine），这是 MongoDB v3.0 中引入的一个新概念。可插拔存储引擎允许提供不同的用例，特别是在对数据处理和隐私有特定和严格要求的应用领域。

第 8 章 存 储 引 擎

MongoDB 在 3.0 版中引入了可插拔存储引擎（Pluggable Storage Engine）的概念。收购 WiredTiger 后，它首先将其存储引擎作为可选项引入，然后作为当前版本 MongoDB 的默认存储引擎。本章将深入探讨存储引擎的概念、它们的重要性，以及如何根据工作量选择最佳存储引擎。

本章将要讨论的主题包括以下内容。
- WiredTiger
- 加密
- 使用 In-Memory 存储
- MMAPv1
- 混合使用存储引擎
- MongoDB 中的锁

8.1　可插拔存储引擎

随着 MongoDB 从 Web 应用程序范式突破到具有不同要求的域，存储已成为一个越来越重要的考虑因素。

使用多个存储引擎可视为在基础架构堆栈中使用不同的存储解决方案和数据库的替代方法。这样，开发人员就可以通过应用层与底层存储层无关来降低操作的复杂性，加快开发产品的上市时间。

MongoDB 目前提供 4 种不同的存储引擎，下一节将对此作进一步的详细阐述。

8.1.1　WiredTiger

从版本 3.2 开始，WiredTiger 是默认的存储引擎，也是大多数工作负载的最佳选择。通过提供文档级锁定，它克服了早期版本的 MongoDB 高负载下的一个最严重的缺点锁定争用（Lock Contention）。

以下将详细探讨 WiredTiger 的一些优点。

1. 文档级锁定

锁定非常重要，后文将详细解释细粒度锁定（Fine-Grained Locking）的性能影响。拥有文档级锁定（Document-Level Locking）而不是 MMAPv1 集合级别锁定（Collection-Level Locking）可以在许多实际用例中产生巨大差异，并且这也是选择 WiredTiger 而不是 MMAPv1 的主要原因之一。

2. 快照和检查点

WiredTiger 使用多版本并发控制（Multiversion Concurrency Control，MVCC）。

MVCC 基于以下概念：数据库保留对象的多个版本，以便读取器（Reader）能够查看在读取期间不会更改的一致数据。

在数据库中，如果有多个读取器在写入器（Writer）修改数据的同时访问数据，那么最终的情况就是，读取器可以查看到该数据的不一致视图。解决此问题的最简单和最轻松的方法是阻塞所有读取器，直到写入器完成修改数据。

这当然会导致严重的性能下降。MVCC 通过为每个读取器提供数据库的快照来解决此问题。在读取开始时，保证每个读取器查看到的都是在同一时间点的数据。

写入器所做的任何更改只有在写入完成后才会被读取器看到，或者按数据库术语来说，就是在提交事务以后才会出现。

为实现此目标，当写入时，更新的数据将保存在磁盘上的单独位置，MongoDB 会将受影响的文档标记为已过时（Obsolete）。也就是说，MVCC 能提供时间点一致的视图。

这相当于传统关系数据库管理系统中的读已提交隔离级别（Read Committed Isolation Level）。

对于每个操作，WiredTiger 将在发生的确切时刻对数据进行快照，并为应用程序提供应用程序数据的一致视图。

当写入数据时，WiredTiger 将按每 2 GB 的 Journaling 日记数据或按每 60 秒创建一个快照（以先到者为准）的速度写入。当出现故障时，WiredTiger 将依靠其内置的 Journaling 日记来恢复最新检查点后的任何数据。

> 🔅 开发人员可以使用 WiredTiger 禁用 Journaling 日记功能，但如果服务器崩溃，则会丢失在最后一个检查点之后写入的任何数据。

3. Journaling 日记

如上面的"快照和检查点"小节所述，Journaling 日记功能就是 WiredTiger 崩溃之后恢复保护的基石。

WiredTiger 使用 snappy 压缩算法压缩 Journaling 日志。可以使用以下设置来设置不同的压缩算法。

```
storage.wiredTiger.engineConfig.journalCompressor
```

还可以通过将以下属性设置为 false 来禁用 WiredTiger 的 Journaling 日记功能。

```
storage.journal.enabled
```

💡 如果开发人员使用了副本集，则可能能够从辅助服务器恢复数据，其中某一个辅助服务器将被选为主服务器，并在主服务器发生故障时开始写入。建议始终使用 Journaling 日记功能，除非开发人员完全了解并且可以承担因不使用它而带来的痛苦风险。

4. 数据压缩

MongoDB 默认使用 snappy 压缩算法来压缩数据和索引的前缀。

索引前缀压缩意味着每页内存只存储一次相同的索引键前缀。

压缩不仅减少了对存储空间的占用，而且增加了每秒 I/O 操作，因为需要存储和移出磁盘的数据更少。如果开发人员的工作负载受 I/O 限制而不受 CPU 运算能力的限制，则使用更积极的压缩可以提高性能。

可以通过将以下参数设置为 false 来定义使用 zlib 压缩而不是 snappy 压缩或不压缩。

```
storage.wiredTiger.collectionConfig.blockCompressor
```

💡 数据压缩实际上就是以 CPU 计算资源为代价达到占用较少的存储空间的目的。与默认的 snappy 压缩算法相比，zlib 压缩以更高的 CPU 使用率为代价实现了更好的压缩。

可以通过将以下参数设置为 false 来禁用索引前缀压缩。

```
storage.wiredTiger.indexConfig.prefixCompression
```

还可以使用以下参数配置在创建期间每索引的存储。

```
{<storage-engine-name>: <options>}
```

5. 内存使用情况

WiredTiger 与 MMAPv1 在使用 RAM 方面有很大不同。MMAPv1 本质上是使用底层操作系统的文件系统缓存来将数据从磁盘分页到内存，反之亦然。

相反，WiredTiger 引入了 WiredTiger 内部缓存的新概念。

默认情况下，WiredTiger 内部缓存是以下两个值中的一个较大的值。

● 50%的 RAM 减去 1 GB

● 256 MB

这意味着，假设服务器有 8 GB 的 RAM，那么"50%的 RAM 减去 1 GB"就是 3GB，也就是说：

$$max(3GB, 256 MB) = WiredTiger 将使用 3GB 的 RAM$$

假设服务器有 2560 MB 的 RAM，那么

$$max(256 MB, 256 MB) = WiredTiger 将使用 256 MB 的 RAM$$

基本上，对于任何 RAM 少于 256 MB 的服务器，WiredTiger 都将使用 256 MB 作为其内部缓存。

可以通过设置以下内容来更改 WiredTiger 内部缓存的大小。

```
storage.wiredTiger.engineConfig.cacheSizeGB
```

或者从命令行使用以下选项。

```
--wiredTigerCacheSizeGB
```

除了 WiredTiger 内部缓存（未压缩以获得更高性能）之外，MongoDB 还使用压缩的文件系统缓存，就像 MMAPv1 一样，并且在大多数情况下最终将使用所有可用内存。

WiredTiger 内部缓存可以提供与内存中的存储类似的性能，因此，尽可能增大内部缓存的容量是很重要的。

使用 WiredTiger 和多核处理器时，可以获得更好的性能。与 MMAPv1 相比，这也是一个巨大的优势，因为 MMAPv1 并没有扩展。

🔅 **TIP** 开发人员可以而且应该使用 Docker 或其他容器化技术将 mongod 进程相互隔离，并确保知道每个进程在生产环境中可以使用和应该使用多少内存。建议不要将 WiredTiger 内部缓存增加到其默认值以上。文件系统缓存则不应低于 RAM 总量的 20%。

6. readConcern

WiredTiger 支持多个 readConcern 级别。就像 MongoDB 中每个存储引擎都支持的 writeConcern 一样，通过 readConcern，开发人员可以自定义副本集中有多少服务器必须

确认要在结果集中返回的文档的查询结果。

readConcern 的可用选项如下。

- local：默认选项。将从服务器返回最新数据。数据可能已传播或未传播到副本集中的其他服务器，并且存在回滚的风险。
- linearizable。
  - 仅适用于从主服务器读取。
  - 仅适用于返回单个结果的查询。
  - 数据返回满足两个条件：
    - ◆ majority writeConcern。
    - ◆ 在读取操作开始之前确认数据。

此外，如果已经将 writeConcernMajorityJournalDefault 设置为 true，则可以保证不会回滚数据。

如果已经将 writeConcernMajorityJournalDefault 设置为 false，那么在确认写入之前，MongoDB 不会等待 majority 写入持久性设备。在这种情况下，如果从副本集中丢失成员，则数据可能会回滚。

- majority：在读取开始之前，返回的数据已经进行了传播并且从大多数服务器获得了确认。

🛈 在使用 linearizable 和 majority 读取关注级别时需要使用 maxTimeMS，以防无法建立 majori ty writeConcer，导致出现阻塞并永远等待响应。当出现阻塞并永远等待响应的情况时，操作将返回超时错误。

🛈 MMAPv1 也可以使用 local 和 linearizable 读取关注。

7. WiredTiger 集合级选项

在创建一个新集合时，可以将选项传递给 WiredTiger，如下所示。

```
> db.createCollection(
    "mongo_books",
    { storageEngine: { wiredTiger: { configString: "<key>=<value>" } }
}
)
```

这有助于使用 WiredTiger 通过其 API 公开的可用键值对创建 mongo_books 集合。一些最广泛使用的键值对见表 8.1。

表 8.1　使用最广泛的键值对

键	值
block_allocation	最佳或第一
allocation_size	512 B ～ 4 KB；默认为 4 KB
block_compressor	无、lz4、snappy、zlib、zstd 或自定义压缩程序的标识符字符串，具体取决于配置
memory_page_max	512 B ～ 10 TB；默认为 5 MB
os_cache_max	大于 0 的整数；默认为 0

这可以直接采用来自位于以下网址的 WiredTiger 文档中的定义。

http://source.wiredtiger.com/mongodb-3.4/struct_w_t__s_e_s_s_i_o_n.html

```
int WT_SESSION :: create()
```

集合级选项允许灵活配置存储，但应在开发 / 暂存环境中进行仔细测试后谨慎使用。

💡 **TIP**　如果应用于副本集中的主服务器，则集合级选项将传播到辅助服务器。也可以在命令行中使用 --wattTigerCollectionBlockCompressor 选项按全局方式为数据库配置 block_compressor。

8．WiredTiger 性能策略

如本章前文所述，WiredTiger 使用内部缓存来优化性能。最重要的是，操作系统（和 MMAPv1）总是使用文件系统缓存来从磁盘获取数据。

默认情况下，会有 50％的 RAM 专用于文件系统缓存，50％专用于 WiredTiger 内部缓存。

文件系统缓存将保存已经压缩的数据，因为它存储在磁盘上，而内部缓存将解压缩它。可以考虑的 WiredTiger 性能策略如下所示。

- 策略 1：为内部缓存分配 80％或更多的 RAM。这样做的目的是在 WiredTiger 的内部缓存中容纳工作集。
- 策略 2：为文件系统缓存分配 80％或更多的 RAM。这样做的目的是尽可能避免使用内部缓存，并依赖文件系统缓存来满足需求。
- 策略 3：使用固态硬盘（SSD）作为底层存储，以实现快速搜索时间，并将默认值保持在各占 50％ 分配。
- 策略 4：通过 MongoDB 的配置在存储层中启用压缩，以节省存储空间，并通过缩小工作集大小来改善性能。

工作负载将决定是否需要将默认策略 1 偏离到其他任何策略。一般而言，应尽可能使用固态硬盘，并使用 MongoDB 的可配置存储，甚至可以将固态硬盘用于需要最佳性能的某些服务器，并将 HDD 保留用于分析工作负载。

9. WiredTiger B 树与 LSM 树的比较

B 树是跨不同数据库系统的索引的最常见数据结构。WiredTiger 提供了使用日志结构合并树（Log-Structured Merge Tree，LSM Tree）而不是 B 树进行索引的选项。

当开发人员有一个随机插入的工作负载时，LSM 树可以提供更好的性能，否则该插入可能会溢出页面缓存并从磁盘开始分页数据，以使索引保持最新。

可以从命令行中选择 LSM 索引，如下所示。

```
> mongod --wiredTigerIndexConfigString "type=lsm,block_compressor=zlib"
```

在上面的命令中，为此 mongod 实例中的索引选择了 lsm 索引类型和 block_compressor zlib 压缩方式。

8.1.2 加密

MongoDB 可以添加所需的加密存储引擎以支持一系列特殊用例，主要涉及金融、零售、医疗保健、教育和政府机关等领域。

如果开发人员必须遵守一系列规章制度，则需要对数据进行加密。这些规章制度可能还包括以下认证。

- PCI DSS 标准：用于处理信用卡信息。
- HIPAA 认证：用于医疗保健应用。
- NIST 标准：全称为 National Institute of Standards and Technology（美国国家标准与技术研究院），用于政府机关。
- FISMA 认证：全称为 Federal Information Security Management Act（联邦信息安全管理法案），用于政府机关。
- STIG 标准：用于政府机关。

这可以通过若干种方式完成。例如，云服务提供商（如 EC2）就可以提供内置加密的 EBS 存储卷。

加密存储支持 Intel 的 AES-NI 配备的 CPU，用于加速加密/解密过程。

支持的加密算法如下。

- AES-256，CBC（默认）。
- AES-256，GCM。
- FIPS，FIPS-140-2。

在页面级（Page Level）支持加密可以获得更好的性能。在文档中进行更改时，不会重新加密 / 解密整个基础文件，只会修改受影响的页面。

加密密钥管理是加密存储安全性的一个重要方面。前面提到的大多数规格要求每年至少进行一次密钥轮换。

MongoDB 的加密存储使用每个节点的内部数据库密钥，该密钥由外部（主服务器）密钥包装，并且该密钥必须用于启动节点的 mongod 进程。通过使用底层操作系统的保护机制（如 mlock 或 VirtualLock），MongoDB 可以保证外部密钥永远不会因页面错误而从内存泄漏到磁盘。

可以使用密钥管理互操作性协议（Key Management Interoperability Protocol，KMIP）或通过密钥文件使用本地密钥管理来管理外部（主服务器）密钥。

MongoDB 可以通过执行副本集成员的滚动（Rolling）重启来实现密钥轮换。使用 KMIP 之后，MongoDB 只能旋转（Rotate）外部密钥，而不能旋转底层数据库文件，从而带来显著的性能优势。

> 💡 **TIP** 使用 KMIP 是加密数据存储的推荐方法。加密存储基于 WiredTiger，因此使用加密也可以享受其所有优势。加密存储是 MongoDB 企业版的一部分，MongoDB 企业版是 MongoDB 的付费产品。

使用 MongoDB 的加密存储与加密存储卷（Encrypted Storage Volume）相比，带来了性能提高的好处。MongoDB 的加密存储开销约为 15%，相比之下，第三方加密存储解决方案则为 25% 或更多。

在大多数情况下，如果开发人员需要使用加密存储，则应该从应用程序设计阶段提前了解它，这样可以针对不同的解决方案执行基准测试，以选择最适合用例的解决方案。

8.1.3　使用 In-Memory 存储

MongoDB 存储使用 In-Memory（即将数据存储在内存中）方式是一项高回报和高风险的任务。将数据保存在内存中，比磁盘上的持久存储快 10 万倍。

使用 In-Memory 存储的另一个好处是，当开发人员写入或读取数据时，即可实现可预测的延迟。一些用例规定延迟不会偏离正常，无论操作是什么。

另一方面，通过将数据保留在内存中，开发人员对功率损耗和应用程序故障持开放态度，可能会丢失所有数据。

使用副本集可以防止某些类型的错误，但如果将数据存储在内存中而不是存储在磁盘上，则更容易受到数据丢失的影响。

但是，有一些用例可能不会太在意丢失旧数据。

在金融领域，可能有以下应用。

● 高频交易 / 算法交易。值得一提的是，在高流量情况下，较高的延迟可能导致交易无法完成。

● 欺诈检测系统。在这种情况下，开发人员关心的是，实时检测应尽可能快，并且可以安全地存储需要进一步调查的情况或绝对正面的情况以便进行持久存储。

● 信用卡授权、交易订单核对及其他需要实时答复的高流量系统。

在 Web 应用程序生态系统中，可能有以下应用。

● 入侵检测系统。与欺诈检测一样，开发人员关注的是尽可能快地检测入侵，而不必过多关注误报情况。

● 产品搜索缓存。在这种情况下，丢失的数据并不是任务的关键，而是从客户的角度来看很小的不便。

● 实时个性化产品推荐。同样，数据丢失带来的操作风险很低，即使遭受数据丢失，也可以始终重建索引。

In-Memory 存储引擎的一个主要缺点是数据集必须能容纳于内存中。这意味着开发人员必须知道并跟踪数据的使用情况，以便数据量不会超出服务器的内存。

总的来说，MongoDB 使用 In-Memory 存储引擎在某些边缘用例中可能很有用，但在数据库系统中缺乏持久性可能是其采用的阻碍因素。

🛈 In-Memory 存储是 MongoDB 企业版的一部分，MongoDB 企业版是 MongoDB 的付费产品。

8.1.4　MMAPv1

鉴于 WiredTiger 的引入和文档级锁定等无可置疑的优势，现在很多 MongoDB 用户都质疑是否还值得讨论 MMAPv1。

实际上，开发人员要考虑使用 MMAPv1 而不是 WiredTiger，可能有如下原因。

● 遗留系统。如果开发人员已经有一个符合自己需求的系统，那么可能会升级到 MongoDB 3.0+ 而不是转换到 WiredTiger。

● 版本降级。一旦升级到 MongoDB 3.0+ 并将存储引擎转换为 WiredTiger，那么以后就无法降级到低于 2.6.8 的版本。如果开发人员希望以后能够灵活地降级，则应牢记这一点。

如前文所述，WiredTiger 是比 MMAPv1 更好的选择，开发人员只要有机会就应该尽量使用它。本书以 WiredTiger 为导向，并假设开发人员能够使用最新的稳定版 MongoDB（本书撰写时为 3.4 版）。

> 💡 从版本 3.4 开始，MMAPv1 仅支持集合级锁定，而不支持 WiredTiger 所支持的文档级锁定，这可能导致高争用数据库负载的性能损失，而这也是开发人员为什么应该尽可能使用 WiredTiger 的原因之一。

MMAPv1 存储优化

MongoDB 默认使用的空间分配策略是 powerOf2Sizes，该设置会将 MongoDB 分配的空间大小向上取整为 2 的幂（例如，2、4、6、8、16、32、64 等）。创建文档时，将为其分配大小为 2 的幂，即 ceiling(document_size)。

例如，如果开发人员创建一个 127 字节的文档，MongoDB 将为其分配 128 个字节（2 的 7 次方）。但是，如果创建的是一个 129 字节的文档，则 MongoDB 将为其分配 256 个字节（2 的 8 次方）。这在更新文档时非常有用，因为开发人员可以原地更新文档，而不必移动磁盘上的底层文档，直到该文档的大小超出分配的空间。

如果要在磁盘上移动文档（即在文档的数组中添加新的子文档或元素以强制大小超过已分配的存储空间），则新数据文件的大小都是上一个已分配文件的两倍（64MB、128MB、256MB、512MB、1GB、2GB、2GB），直到预分配文件大小的上限 2GB。

如果操作不影响其大小（例如，将一个整数值从 1 更改为 2），则文档将保留在磁盘上的相同物理位置。这个概念称为填充（Padding）。开发人员也可以使用 compact 管理命令配置填充。

当开发人员移动磁盘上的文档时，即存储了非连续的数据块，这意味着在存储中出现了空洞（Hole）。可以通过在集合级别设置 paddingFactor 来防止这种情况发生。

paddingFactor 的默认值为 1.0（无填充），最大值为 4.0（扩展大小是原始文档大小的 3 倍）。例如，填充因子为 1.4 将允许文档在移动到磁盘上的新位置之前扩展 40%。

例如，仍以前文所介绍的 books 集合为例，要获得 40% 的扩展空间，我们可以执行以下操作。

```
> db.runCommand( { compact:'books', paddingFactor:1.4 } )
```

开发人员还可以按每个文档的字节数设置填充，这样就可以从集合中每个文档的初始创建中获得 x 字节填充。

```
> db.runCommand( { compact:'books', paddingBytes:300 } )
```

这将允许以 200 字节创建的文档增长到 500 字节，而以 4000 字节创建的文档将被允许增长到 4300 字节。

可以通过运行没有参数的 compact 命令来完全消除存储空洞，但这意味着每次增加文档大小的更新都必须移动文档，这实际上是在存储中创建新的空洞。

8.1.5 混合使用存储引擎

当开发人员有一个使用 MongoDB 作为底层数据库的应用程序时，即可设置它，以便在应用程序级别为不同的操作使用不同的副本集，以满足它们的要求。

例如，在财务应用程序中，可以使用不同的连接池。在欺诈检测模块可以使用 In-Memory 节点，而系统的其余部分则使用不同的存储方式，如图 8.1 所示。

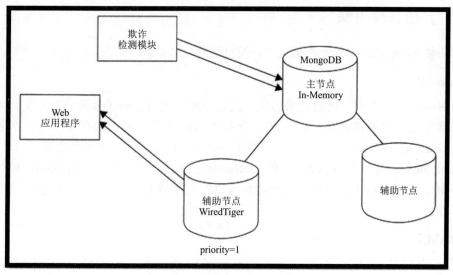

图 8.1　混合使用存储引擎

此外，每个节点都应用 MongoDB 中的存储引擎配置，这允许一些有趣的设置。

如前面的图 8.1 所示，开发人员可以在副本集的不同成员中使用不同存储引擎的混合。在这种情况下，使用 In-Memory 存储引擎可以在主节点中获得最佳性能，而其中一个辅助节点则使用了 WiredTiger 来确保数据的持久性。开发人员可以在辅助节点中使用 priority = 1 来确保如果主节点失败，则该辅助节点将立即被选中。如果不做这样的设置，那么当在系统中有高负载并且辅助服务器没有跟上主服务器在 In-Memory 中的写入时，就有可能导致主服务器的完全失败。

　　混合存储方法广泛用于微服务架构。通过将服务和数据库分离并为每个用例使用适当的数据库，开发人员可以轻松地横向扩展基础架构。

　　　💡 所有存储引擎都支持共同的基础功能，如下所示。

- 查询
- 索引
- 复制
- 分片
- Ops 和 Cloud Manager 支持
- 身份验证和授权

8.1.6　其他存储引擎

　　模块化 MongoDB 架构允许第三方开发自己的存储引擎。

1. RocksDB

　　RocksDB 是一个用于键值数据的嵌入式数据库。它是 LevelDB 的一个分支，用于存储任意字节数组中的键值对。它于 2012 年在 Facebook 上开始，现在则作为一个名字很有趣的 CockroachDB 的后端，这是一款受 Google Spanner 启发的开源数据库。

　　MongoRocks 是一个由 Percona 和 Facebook 支持的项目，旨在将 RocksDB 后端引入MongoDB。对于某些工作负载，RocksDB 可以实现比 WiredTiger 更高的性能，值得开发人员多做研究。

2. TokuMX

　　另一种广泛使用的存储引擎是 Percona 的 TokuMX。TokuMX 在设计时考虑了MySQL 和 MongoDB，但自 2016 年以来，Percona 一直致力于 MySQL 版本，而不是切换到 RocksDB 以获得 MongoDB 存储支持。

8.2　MongoDB 中的锁

　　本章以及本书的其他若干章节中都提到了文档和集合级锁。了解锁的工作原理及其重要性非常重要。

数据库系统使用锁的概念来实现原子性、一致性、隔离性、持久性（Atomicity、Consistency、Isolation、Durability，ACID）属性。当有多个读取或写入请求并行进入时，开发人员需要锁定数据，以便所有读取器和写入器具有一致且可预测的结果。

MongoDB 使用多粒度锁。可用的粒度级别按降序排列如下。

- 全局
- 数据库
- 集合
- 文档

MongoDB 和其他数据库使用的锁按以下粒度顺序排列。

IS：意向读锁（Intent Shared）

IX：意向写锁（Intent eXclusive）

S：读锁（Shared）

X：写锁（eXclusive）

如果开发人员在具有读锁（S）或写锁（X）的粒度级别使用锁，则需要使用相同类型的意向锁来锁定所有更高级别。

锁的其他规则如下。

- 单个数据库可以同时锁定在 IS 和 IX 模式中。
- 写锁（X）不能与任何其他锁共存。
- 读锁（S）锁只能与意向读锁（IS）共存。

读取和写入请求锁通常以先进先出（First-In, First-Out, FIFO）顺序排队。MongoDB 实际上唯一的优化是根据要服务的队列中的下一个请求重新排序请求。

这意味着，如果接下来的是一个 IS(1) 请求，并且当前的队列有以下内容。

$$IS(1) -> IS(2) -> X(3) -> S(4) -> IS(5)$$

如图 8.2 所示。

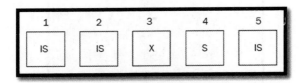

图 8.2　目前队列中的内容

然后 MongoDB 会按如下方式重新排序请求。

$$IS(1) -> IS(2) -> S(4) -> IS(5) -> X(3)$$

如图 8.3 所示。

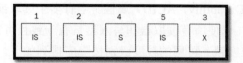

图 8.3　重新排序后的队列

如果在服务 IS(1) 请求期间，新的 IS 或 S 请求进入，假设 IS(6) 和 S(7) 按此顺序进入，它们仍将被添加到队列的末尾，而不会被考虑，直到 X(3) 请求完成。

新的队列现在看起来如下所示。

$$IS(2) - > S(4) - > IS(5) - > X(3) - > IS(6) - > S(7)$$

如图 8.4 所示。

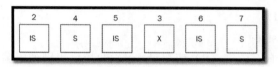

图 8.4　新的队列

这样做是为了防止 X(3) 请求被饿死（Starvation），否则它最终会因为新的 IS 和 S 请求进入而被推回到队列中。

理解意向锁和锁本身之间的区别非常重要。WiredTiger 存储引擎仅对全局、数据库和集合级别使用意向锁。

当新请求进入时，它将根据兼容性矩阵使用更高级别的意向锁（即集合、数据库、全局），如图 8.5 所示。

模式	NL	IS	IX	S	SIX	X
NL	Yes	Yes	Yes	Yes	Yes	Yes
IS	Yes	Yes	Yes	Yes	Yes	No
IX	Yes	Yes	Yes	No	No	No
S	Yes	Yes	No	Yes	No	No
SIX	Yes	Yes	No	No	No	No
X	Yes	No	No	No	No	No

图 8.5　兼容性矩阵

资料来源：https://en.wikipedia.org/wiki/Multiple_granularity_locking

在获取文档本身的锁之前，MongoDB 将首先在所有祖先（Ancestor）中获取意向锁。这样，当新请求进入时，很多时候它可以快速识别是否无法基于较低粒度的锁来进行服务。

WiredTiger 将在文档级别使用 S 和 X 锁。唯一的例外是涉及多个数据库的典型不频繁和/或短期操作。这些仍然需要全局锁，类似于 MongoDB 在 2.X 版本之前的行为。

💡 删除集合等管理操作仍需要独占数据库锁。

如前文所述，MMAPv1 使用集合级锁。跨越单个集合，但有可能跨越（也可能不跨越）单个文档的操作仍将锁定整个集合。这就是为什么 WiredTiger 是所有新部署的首选存储解决方案的原因。

8.2.1 锁的报告

开发人员可以使用以下任何工具和命令检查锁定状态。
- db.serverStatus() 通过 locks 文件
- db.currentOp() 通过 locks 字段
- mongotop
- mongostat
- MongoDB Cloud Manager
- MongoDB Ops Manager

锁争用是一个非常重要的衡量标准，因为如果它发展到失去控制，那么它可以造成开发人员的数据库陷入瘫痪。

💡 要终止一个操作，可以使用 db.killOp() shell 命令。

8.2.2 锁的产生

具有数据库级锁的数据库在压力下不会真正有用，并且大部分时间都会被锁定。在早期版本的 MongoDB 中，智能解决方案就是让操作根据一些启发式方法产生锁。

影响多个文档的 update() 命令会产生 X 锁定以提高并发性。

早期版本的 MongoDB 中的 MMAPv1 的前身将使用这些启发式方法来预测在执行请求的操作之前数据是否已经在内存中。如果不是，它将产生锁定，直到底层操作系统将数据存储在内存中，然后重新获取锁以继续为请求提供服务。

最值得注意的例外是索引扫描（Index Scan），其中的操作不会产生锁，只会阻塞等待数据从磁盘加载。

WiredTiger 仅在集合级别及更高级别使用意向锁，它并不真正需要这些启发式方法，因为意向锁不会阻塞其他读取器和写入器。

8.2.3　常用命令和锁

常用命令和锁的对应关系见表 8.2。

表 8.2　常用命令和锁

命　　令	锁
find()	S
it() (query cursor)	S
insert()	X
remove()	X
update()	X
mapreduce()	S 和 X，视情况而定。一些 MapReduce 块可以并行运行
index()	前台索引：数据库锁 后台索引：没有锁，除了将返回错误的管理命令。此外，后台索引将花费更多的时间
aggregate()	S

8.2.4　需要数据库锁的命令

以下命令需要数据库锁。在生产环境中发布它们时应提前计划。
- db.dcollection.createIndex() 处于前台模式（默认）
- reIndex
- compact
- db.repairDatabase()
- db.createCollection() 如果要创建多个 GB 上限集合
- db.collection.validate()
- db.copyDatabase() 可能会锁定多个数据库

还有一些命令可以在很短的时间内锁定整个数据库，如下所示。
- db.collection.dropIndex()
- db.getLastError()

- db.isMaster()
- 任何 rs.status() 命令
- db.serverStatus()
- db.auth()
- db.addUser()

这些命令的运行时间应该不会超过几毫秒，所以不必担心它们。当然，如果有自动脚本使用了这些命令则另当别论，在这种情况下必须注意它们的发生频率。

> 🔵 在分片环境中，每个 mongod 都会应用它自己的锁，所以这会显著提高并发性。

在副本集中，主服务器必须执行所有写入操作。为了将这些正确地复制到辅助服务器，必须在锁定主服务器文档 / 集合 / 数据库的同时锁定保存操作 oplog 的本地数据库。这通常是一个不必担心的生存期很短的锁。

副本集中的辅助服务器将从主服务器的本地数据库的 oplog 中获取写入操作，应用适当的 X 锁，并在完成 X 锁后进行服务读取。

从前面的详细解释可以看出，在 MongoDB 中应该尽量避免使用锁。开发人员应该设计自己的数据库，这样就可以尽可能避免更多的 X 锁。当需要对一个或多个数据库采用 X 锁时，可以在维护窗口中使用备份计划进行操作，以防操作时间超过预期。

8.3 参 考 资 料

- https://docs.mongodb.com/manual/faq/concurrency/
- https://docs.mongodb.com/manual/core/storage-engines/
- https://www.mongodb.com/blog/post/building-applications-with-mongodbs-pluggable-storage-engines-part-1
- https://www.mongodb.com/blog/post/building-applications-with-mongodbs-pluggable-storage-engines-part-2
- https://docs.mongodb.com/manual/core/wiredtiger/
- https://docs.mongodb.com/manual/reference/method/db.collection.createIndex/#createindex-options
- https://docs.mongodb.com/manual/core/mmapv1/
- https://docs.mongodb.com/manual/reference/method/db.createCollection/#create-

collection-storage-engine-options

- http://source.wiredtiger.com/mongodb-3.4/struct_w_t___s_e_s_s_i_o_n.html
- https://webassets.mongodb.com/microservices_white_paper.pdf?_ga=2.158920114.90-404900.1503061618-355279797.1491859629
- https://webassets.mongodb.com/storage_engines_adress_wide_range_of_use_cases. pdf?_ga=2.125749506.90404900.1503061618-355279797.1491859629
- https://docs.mongodb.com/manual/reference/method/db.createCollection/#create-collection-storage-engine-options
- http://source.wiredtiger.com/mongodb-3.4/struct_w_t___s_e_s_s_i_o_n.html
- https://docs.mongodb.com/manual/reference/read-concern/
- https://www.percona.com/live/17/sessions/comparing-
- mongorocks-wiredtiger-and-mmapv1-performance-and-efficiency
- https://www.percona.com/blog/2016/06/01/embracing-mongorocks/
- https://www.percona.com/software/mongo-database/percona-tokumx

8.4　小　　结

本章详细阐述了 MongoDB 中的不同存储引擎。指出了每个存储引擎的优缺点，以及选择不同存储引擎的用例。

还介绍了如何混合使用多个存储引擎，以及使用它们带来的好处。

开辟了专门的小节详细探讨了数据库锁。

开发人员可以通过锁的需要来划分操作。这样，当设计和实现应用程序时，即可确保设计尽可能少地锁定数据库。

第 9 章将介绍如何使用 MongoDB 来获取和处理大数据。

第 9 章　通过 MongoDB 利用大数据

本章将详细阐述为什么 MongoDB 适应更广泛的大数据环境和生态系统，以及如何使用 MongoDB 处理大数据。本章将比较 MongoDB 与消息排队系统（例如 Kafka 和 RabbitMQ）。此外，还将讨论数据仓库技术，以及它们如何补充或替换 MongoDB 集群。最后，还将通过一个大数据用例，演示上述所有内容并帮助开发人员了解全景（Big Picture）。

本章将要讨论的主题包括以下内容。

- 消息排队系统
- 数据仓库
- 以 MongoDB 作为数据仓库
- 大数据用例

9.1　关于大数据

互联网在过去几年里一直在高速增长，并且没有出现任何放缓的迹象。就在过去五年中，互联网用户已经从不到 20 亿增长到约 37 亿，约占地球总人口的 50%（而 5 年前这个数字还只有 30% 多）。

随着越来越多的互联网用户和网络的发展，每年都会向现有数据集添加越来越多的数据。2016 年，全球互联网流量为 1.2 ZB（即 12 亿 TB），预计到 2021 年将增长到 3.3 ZB。

这些大量数据产生了对处理和分析的更多需求。这也产生了对数据库和数据存储的需求，这些存储可以扩展和有效地处理数据。

大数据（Big Data）这个术语最初是由 John Mashey（约翰·玛席）在 20 世纪 80 年代创造的，并且在过去十年中随着互联网的爆炸性增长而越来越广为人知。大数据一般来说是指通过传统数据处理系统处理过大且复杂的数据集，需要某种专门的系统架构进行处理。

大数据的定义特征通常是以下 5 个 V。

- Volume：大量
- Variety：多样性

- Velocity：高速
- Veracity：真实性
- Variability：可变性

"多样性"和"可变性"是指数据有不同的形式，数据集内部不一致，需要在实际处理数据之前通过数据清理和规范化系统进行平滑输出。

"真实性"是指数据质量的不确定性。数据质量可能会有所变化，在某些日期可能具有完美数据，而在其他日期可能会缺失数据集。这会影响到数据管道，以及企业可以在数据平台上投入的资金多寡，因为即使在今天，仍然有大约三分之一的业务领导者不完全相信他们用于制定业务决策的信息。

最后，"高速"可能是大数据最重要的定义特征（除了显而易见的"大量"这个属性），它指的是大数据集不仅拥有大量数据，而且还在以极快的速度增长，这也使得传统存储方式下的索引等变成了一项非常困难的任务。

9.1.1　大数据发展前景

大数据已经演变成影响经济各个部门的复杂生态系统。从技术炒作噱头到不切实际的期望再到真正的现实生产力，现在大多数财富 1000 强公司都已经实现并部署了大数据系统，实现了真正的价值。

如果按行业细分参与到大数据发展前景中的公司，大致可以提出以下行业。

- 基础设施
- 分析
- 应用—大型企业
- 应用—行业
- 跨基础架构分析
- 数据源和 API
- 数据资源
- 开源

从工程角度来看，我们可能更关注底层技术，而不是它们在不同行业领域的应用。

根据开发人员的业务领域，可能会有来自不同来源的数据，例如，交易数据库、物联网（Internet of Things，IoT）传感器、应用服务器日志、通过 Web 服务 API 连接的其他网站，或者只是普通的网页内容的提取等。这些数据通常需要经过抽取、转换、加载（Extract、Transform、Load，ETL）流程才能到达目的端的企业数据仓库（Enterprise Data Warehouse，EDW），标准的 ETL 流程如图 9.1 所示。

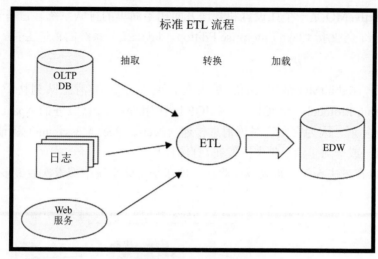

图 9.1 标准 ETL 流程

9.1.2 消息排队系统

在前面描述的大多数流程中，开发人员通过 ETL 流程将抽取的数据转换并加载到企业数据仓库（EDW）中。为了抽取和转换这些数据，需要一个消息排队系统（Message Queuing System）来处理流量峰值、端点（Endpoint）暂时不可用，以及其他可能影响系统这一部分的可用性和可扩展性的问题。

消息队列还提供消息的生成者和使用者之间的分离，这可以通过将消息划分为不同的主题/队列来实现更好的可扩展性。

最后，使用消息队列，开发人员即可拥有与位置无关的服务，而不必关心消息生成者所处的位置，并提供不同系统之间的互操作性。

在消息排队领域，在本书编写时最流行的系统是 RabbitMQ、ActiveMQ 和 Kafka。在深入研究具体用例以便将所有这些内容组合在一起之前，不妨先来认识一下这些系统。

1. Apache ActiveMQ

维基百科对 Apache ActiveMQ 提供了最好的解释。根据该解释，Apache ActiveMQ 是一个用 Java 语言编写的开源消息代理，它具有完整的 Java 消息服务（Java Message Service，JMS）客户端。

Apache ActiveMQ 是我们在这里讨论的 3 个消息排队系统中最成熟的实现，并且具有成功生产部署的悠久历史。包括 Red Hat 在内的许多公司都对它提供了商业支持。

Apache ActiveMQ 是一个在设置和管理方面相当简单的排队系统。它基于 JMS 客户端协议，是 Java 企业版（Java Enterprise Edition，Java EE）系统的首选工具。

2. RabbitMQ

另一方面，RabbitMQ 是用 Erlang 编写的，它基于高级消息队列协议（Advanced Message Queuing Protocol，AMQP）。AMQP 比使用 Java 消息服务的 Apache ActiveMQ 更强大，也更复杂，因为它允许对等消息传递（Peer-to-Peer Messaging）、请求／回复，以及用于一对一或一对多消息消费的发布／订阅模型。

RabbitMQ 在过去 5 年中越来越受欢迎，现在是排队系统中搜索次数最多的，其架构如图 9.2 所示。

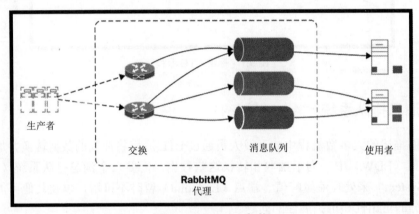

图 9.2   RabbitMQ 架构

资料来源：https://content.pivotal.io/blog/understanding-when-to-use-rabbitmq-or-apache-kafka

RabbitMQ 系统中的扩展是通过创建 RabbitMQ 服务器集群来执行的。

集群共享复制的数据和状态，但每个节点的消息队列是不同的。为了实现高可用性，开发人员还可以在不同节点中复制队列。

3. Apache Kafka

另一方面，Kafka 是一个排队系统，最初是在 LinkedIn（领英）为其内部目的而开发的。它是用 Scala 编写的，从头开始设计，可实现水平可扩展性和最佳性能。

专注于性能是 Apache Kafka 的主要不同之处，但这也意味着为了实现性能，需要牺牲一些东西。Kafka 中的消息不包含唯一 ID，而是通过日志中的偏移量（Offset）来解决。系统不会跟踪 Apache Kafka 使用者，该任务被交给了应用程序设计。消息排序是在分区级别实现的，使用者有责任确定消息是否已经发送。

在版本 0.11 中引入了严格的"一次性"语义，并且这也是最新 1.0 版本的一部分，因此现在消息可以在分区内严格排序，并且每个使用者总是只到达一次，如图 9.3 所示。

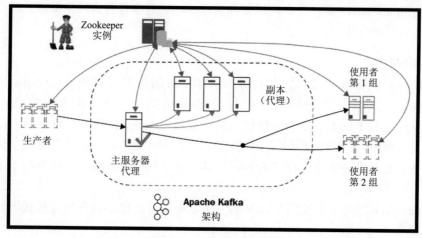

图 9.3　Apache Kafka 架构

9.1.3　数据仓库

使用消息排队系统只是数据管道设计的第一步。在消息队列的另一端，开发人员通常会有一个数据仓库（Data Warehouse）来处理到达的大量数据。关于数据仓库有很多选择，本书的主要重点不是讨论这些或比较它们，但本节将介绍两个最广泛使用的选择，包括 Apache 系列：Apache Hadoop 和 Apache Spark。

1. Apache Hadoop

Apache Hadoop 是第一个，也可能是最广泛使用的大数据处理框架。它的基础是 Hadoop 分布式文件系统（Hadoop Distributed File System，HDFS）。它由 Yahoo! 在 2000 年左右开发，最初是 Google 文件系统（Google File System，GFS）的开源替代品。GFS 是一种分布式文件系统，用于满足谷歌公司对其搜索索引的分布式存储的需求。

Hadoop 还实现了 MapReduce 的 Google 专有系统替代方案：Hadoop MapReduce。它们与 HDFS 一起构成了分布式存储和计算的框架。它用 Java 语言编写，具有大多数编程语言的绑定和许多提供抽象和简单功能的项目，有时基于 SQL 查询，它是一个可以可靠地用于存储和处理 TB 甚至 PB 级数据的系统。

在后来的版本中，Hadoop 通过引入另一种资源协调者（Yet Another Resource Negotiator，YARN）变得更加模块化，它提供了在 Hadoop 之上开发的应用程序的抽象。这使得若干个应用程序可以部署在 Hadoop 之上，例如，Storm、Tez、Open MPI、Giraph，当然还有 Apache Spark，下一节将会专门介绍它。

Hadoop MapReduce 是一个面向批处理的系统，这意味着它依赖于批量处理数据，而不是专为实时用例设计的。

2. Apache Spark

Apache Spark 是加州大学伯克利分校 AMPLab 的集群计算框架。Spark 不能替代完整的 Hadoop 生态系统，而是主要用于 Hadoop 集群的 MapReduce 方面。Hadoop MapReduce 使用基于磁盘的批处理操作来处理数据，而 Spark 则既可以使用内存也可以使用磁盘上的操作。正如我们所预料的那样，放在内存中的数据集的处理速度显然更快，这就是为什么它对实时流应用程序更有用，但它也可以轻松地用于无法容纳于内存中的数据集。

Apache Spark 既可以在使用 YARN 的 HDFS 上运行，也可以在独立模式下运行，如图 9.4 所示。

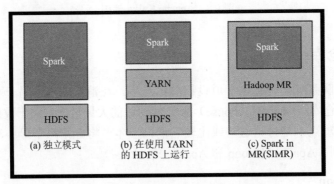

图 9.4　Apache Spark 运行模式示意图

资料来源：https://intellipaat.com/tutorial/spark-tutorial/

这意味着在某些情况下（例如本章后文所提供的用例），如果开发人员的问题在 Spark 的功能中得到了很好的定义和约束，则完全可以抛弃 Hadoop for Spark。

因为 In-Memory 操作，Spark 可以比 Hadoop MapReduce 快 100 倍。Spark 为 Scala（其原生语言）、Java、Python 和 Spark SQL（SQL92 规范的变体）提供了用户友好的 API。Spark 和 MapReduce 都可以抵御故障。Spark 使用弹性分布式数据集（Resilient Distributed Datasets，RDD），这些数据集分布在整个集群中。

正如从整体 Spark 架构中可以看到的那样，我们可以让若干个不同的 Spark 模块一起工作以满足不同的需求，从 SQL 查询到流媒体和机器学习库都可以。

3. Spark 与 Hadoop MapReduce 的比较

Hadoop MapReduce 框架与 Apache Spark 相比更为常见，Apache Spark 是一种旨在解决类似问题的新技术。它们的一些最重要的属性总结在表 9.1 中。

表 9.1　Hadoop MapReduce 和 Apache Spark 对比

	Hadoop MapReduce	Apache Spark
编写语言	Java	Scala
编程模型	MapReduce	弹性分布式数据集（RDD）
客户端绑定	大多数高级语言	Java、Scala、Python
易用性	适中，具有高级抽象（Pig、Hive 等）	优秀
性能	批处理高吞吐量	流和批处理模式下的高吞吐量
使用	磁盘（I/O 绑定）	内存，如果需要磁盘，则会降低性能
典型节点	中等	中等－大

从前面的比较中可以看出，这两种技术都有利弊。Spark 可以说性能更好，尤其是在使用较少节点的问题上。另一方面，Hadoop 是一个成熟的框架，其上面有优秀的工具，几乎涵盖了所有用例。

9.1.4　以 MongoDB 作为数据仓库

Apache Hadoop 通常被描述为大数据框架中的 800 磅大猩猩。另一方面，Apache Spark 更像是 200 磅的猎豹，因为它具有速度、敏捷性和性能特征，这使得它能够很好地解决 Hadoop 旨在解决的问题的一部分。

另一方面，MongoDB 因为其适用性和易用性，可以被描述为 NoSQL 世界中的 MySQL 等价物。MongoDB 还提供了聚合框架、MapReduce 功能和使用分片的水平扩展等，这实质上是数据库级别的数据分区。

很自然地，有些人一直在问，为什么不使用 MongoDB 作为我们的数据仓库，从而简化我们的基础架构呢？

这是一个非常引人注目的论点，事实上，将 MongoDB 用作数据仓库可谓有好有坏。

将 MongoDB 用作数据仓库的优点如下。

● 更简单的架构。

● 减少对消息队列的需求，减少系统中的延迟。

将 MongoDB 用作数据仓库的缺点如下。

● MongoDB 的 MapReduce 框架不能替代 Hadoop 的 MapReduce。尽管它们都遵循相同的理念，但 Hadoop 可以扩展以适应更大的工作负载。

● 使用分片来扩展 MongoDB 的文档存储在某个时刻将会出现问题。据报道，Yahoo! 最大的 Hadoop 集群使用了 42 000 台服务器，而最大的 MongoDB 商业部署数量为 50 亿（来自 Craigslist 网站的数据），相比之下，中国互联网搜索市场的互联网巨头百度有 600 个节点和 PB 级的数据。

此外，在扩展方面两者还存在超过一个数量级的差异。

● MongoDB 主要是基于磁盘上存储数据的实时查询数据库而设计的，而 MapReduce 是围绕使用批处理而设计的，Spark 是围绕使用数据流设计的。

9.2　大　据　用　例

为了将上述内容付诸实践，我们将开发一个使用数据源、Kafka 消息代理、基于 HDFS 的 Apache Spark 集群、Hive 表和 MongoDB 数据库的完全工作系统。

我们的 Kafka 消息代理将从 API、门罗币 / 比特币（XMR/BTC）货币对的流媒体市场数据中抽取数据。此数据将传递到 HDFS 上的 Apache Spark 算法，以根据以下内容计算下一次行情指示器（Ticker）时间戳的价格。

● 已存储在 HDFS 上的历史价格资料。

● 来自 API 的流媒体市场数据。

然后使用 MongoDB Connector for Hadoop，将此预测价格存储在 MongoDB 中。

MongoDB 还将直接从 Kafka 消息代理接收数据，并将其存储在特殊集合中，文档过期时间设置为 1 分钟。该集合将保留最新订单，目的是要让我们的系统使用来自 Spark ML 系统的信号进行买卖。

因此，举例来说，如果目前的价格是 10，而我的出价（Bid）为 9.5，但我预计价格会在下一次市场报价（Tick）时出现下跌，那么系统会等待；如果我们预计价格会在下一次市场报价时上涨，那么系统会将价格提高到 10.01 以匹配下一次市场报价的价格。

同样地，如果目前的价格为 10，而我的出价为 10.5，但是我预计价格会下降，那么我会将出价调整为 9.99，以确保我不会为此付出过高的代价；但如果我预计价格会上涨，那么我会立即购买以便在下一次市场报价中获利。

原理上，我们的架构如图 9.5 所示。

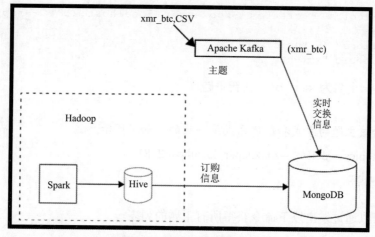

图 9.5 大数据用例架构示意图

如图 9.5 所示，通过将 JSON 消息发布到名为 xmr_btc 的 Kafka 主题来模拟 API。另一方面，我们有一个 Kafka 使用者（Consumer）将实时数据导入 MongoDB。

另外还有一个 Kafka 使用者将数据导入 Hadoop，由我们的算法接收，算法将建议数据（信号）发送到 Hive 表。

最后，将 Hive 表中的数据导出到 MongoDB 中。

9.2.1 Kafka 设置

为大数据用例设置环境的第一步是建立 Kafka 节点。Kafka 本质上是先进先出（First-In，First-Out，FIFO）队列，因此我们将使用最简单的单节点（代理）设置。Kafka 使用主题、生产者、使用者和代理组织数据。

这里需要解释几个重要的 Kafka 术语。

- 代理（Broker）：本质上是一个节点。
- 生产者（Producer）：是将数据写入消息队列的进程。
- 使用者（Consumer）：是从消息队列中读取数据的进程。
- 主题（Topic）：是写入并从中读取数据的特定队列。

Kafka 主题可进一步细分为多个分区。当写入主题时以及在队列的另一端读取数据时，可以将特定主题的数据分成多个代理（节点）。

在本机或我们选择的任何云提供商上安装 Kafka 之后（可以通过搜索找到 EC2 的优秀教程），即可使用以下单个命令创建一个主题。

```
$ kafka-topics --create --zookeeper localhost:2181 --replication-
factor 1
--partitions 1 --topic xmr-btc
Created topic "xmr-btc".
```

这将创建一个名为 xmr-btc 的新主题。

删除该主题的方式和创建方式是一样的。如下所示。

$ kafka-topics --delete --zookeeper localhost:2181 --

topic xmr-btc

然后，可以通过发出以下命令获得所有主题的列表。

```
$ kafka-topics --list --zookeeper localhost: 2181
xmr-btc
```

再然后，可以为主题创建一个命令行形式的生产者，只是为了测试我们可以向队列发送消息，如下所示。

```
$ kafka-console-producer --broker-list localhost: 9092 --topic xmr-btc
```

每行的数据将作为字符串编码消息发送到主题，可以通过发送 SIGINT 信号（一般来说就是 Ctrl + C）来结束该过程。

之后，可以通过启动使用者来查看队列中等待的消息。

```
$ kafka-console-consumer --zookeeper localhost: 2181 --topic xmr-btc
--from-
beginning
```

此使用者将从历史记录的开头读取 xmr-btc 主题中的所有消息。这对测试目的很有用，但在实际应用程序中则需要更改此配置。

除了在命令中提到的 kafka 之外，这里还可以看到 zookeeper。Apache Zookeeper 与 Apache Kafka 结合在一起，它是 Kafka 内部使用的集中式服务，用于维护配置信息、命名、提供分布式同步和提供组服务。

现在来设置代理。我们可以使用 https://github.com/agiamas/mastering- mongodb/tree/master/chapter_9 中的代码开始读取（使用）和写入（生成）消息到队列。出于演示目的，这里将使用由 Zendesk 开发的 ruby-kafka Gem。

为简单起见，我们将使用单个类从存储在磁盘上的文件中读取并写入 Kafka 队列。
produce 方法将用于向 Kafka 写消息。

```
def produce
    options = { converters: :numeric, headers: true }
        CSV.foreach('xmr_btc.csv', options) do |row|
            json_line = JSON.generate(row.to_hash)
            @kafka.deliver_message(json_line, topic: 'xmr-btc')
    end
end
```

consume 方法将读取来自 Kafka 的消息。

```
def consume
    consumer = @kafka.consumer(group_id: 'xmr-consumers')
    consumer.subscribe('xmr-btc', start_from_beginning: true)
    trap('TERM') { consumer.stop }
    consumer.each_message(automatically_mark_as_processed: false) do
|message|
        puts message.value
        if valid_json?(message.value)
            byebug
            MongoExchangeClient.new.insert(message.value)
            consumer.mark_message_as_processed(message)
        end
    end
    consumer.stop
end
```

🛈 请注意，这里使用了使用者组（Consumer Group）API 功能（在 Kafka 0.9 中添加），
通过将每个分区分配给单个使用者来让多个使用者访问单个主题。如果使用者失败，
其分区将重新分配给该组的其余成员。

下一步是将这些消息写入 MongoDB。
首先需要创建集合，以便文档在 1 分钟后过期。来自 mongo shell 的命令如下。

```
> use exchange_data
> db.xmr_btc.createIndex({"createdAt":1}, {expireAfterSeconds:60})
{
    "createdCollectionAutomatically" : true,
    "numIndexesBefore" : 1,
```

```
    "numIndexesAfter" : 2,
    "ok" : 1
}
```

这样就创建了一个名为 exchange_data 的新数据库，其中包含一个名为 xmr_btc 的新集合，该集合在 60 秒后自动过期。对于 MongoDB 自动过期文档，需要提供一个具有 datetime 时间值的字段，以将其值与当前的服务器时间进行比较。在我们的例子中，也就是 createdAt 字段。

对于我们的用例，可以使用低级 mongo-ruby-driver 驱动程序。客户端 MongoExchange-Client 的代码如下所示。

```
class MongoExchangeClient
    def initialize
        @collection = Mongo::Client.new(['127.0.0.1:27017'],database:
:exchange_data).database[:xmr_btc]
    end
    def insert(document)
        document = JSON.parse(document)
        document['createdAt'] = Time.now
        @collection.insert_one(document)
    end
end
```

此客户端将连接到我们的本地数据库，为 TTL 文档过期设置 createdAt 字段，并将消息保存到我们的集合中。

通过这种设置，我们可以将消息写入 Kafka，在队列的另一端读取它们，并将它们写入我们的 MongoDB 集合。

9.2.2　Hadoop 设置

可以按照 Apache Hadoop 网站上的说明安装 Hadoop，并为本章用例使用单个节点。Apache Hadoop 网站上针对此单一节点的说明文档的详细网址如下。

https://hadoop.apache.org/docs/stable/hadoop-project-dist/hadoop-common/SingleCluster.html

完成以下步骤之后，即可在本地机器上浏览 HDFS 文件。

http://localhost:50070/explorer.html#/

假设我们的信号数据是在 HDFS 下编写的，并且位于 /user/<username>/signals 目录，则可以使用 MongoDB Connector for Hadoop 将其导出并导入 MongoDB。

MongoDB Connector for Hadoop 是官方支持的库，允许将 BSON 中的 MongoDB 数据文件或 MongoDB 备份文件用作 Hadoop MapReduce 任务的源或目标。

这意味着，当我们使用更高级的 Hadoop 生态系统工具时，也可以轻松地导出到 MongoDB 并从中导入数据。这里所谓的"更高级的 Hadoop 生态系统工具"，是指 Pig（高级过程语言）、Hive（类似 SQL 的高级语言）和 Spark（一个集群计算框架）等。

步骤

设置 Hadoop 的具体步骤如下。

（1）从 Maven 存储库下载 JAR。该存储库的位置如下。

http://repo1.maven.org/maven2/org/mongodb/mongo-hadoop/mongo-hadoop-core/2.0.2/

（2）下载 mongo-java-driver 的地址如下。

https://oss.sonatype.org/content/repositories/releases/org/mongodb/mongodb-driver/3.5.0/

（3）创建一个目录（在我们的用例中名为 mongo_lib）并使用以下命令复制这两个 JAR。

export HADOOP_CLASSPATH=$HADOOP_CLASSPATH:<path_to_directory>/mongo_lib/

或者，也可以在 share/hadoop/common/ 目录下复制这些 JAR。由于这些 JAR 需要在每个节点中可用，因此对于集群部署，使用 Hadoop 的 DistributedCache 更容易将 JAR 分发到所有节点。

（4）下一步是从 https://hive.apache.org/downloads.html 安装 Hive。

在本例中，我们使用 MySQL 服务器来获取 Hive 的 Metastore 数据。这可以是用于开发的本地 MySQL 服务器，建议用作生产环境的远程服务器。

（5）一旦设置了 Hive，即可运行以下命令。

```
> hive
```

（6）添加之前下载的 3 个 JAR（mongo-hadoop-core、mongo-hadoop-driver 和 mongo-hadoop-hive）。

```
hive> add jar /Users/dituser/code/hadoop-2.8.1/mongo-hadoop-
core-2.0.2.jar;
Added [/Users/dituser/code/hadoop-2.8.1/mongo-hadoop-
core-2.0.2.jar] to class path
Added resources: [/Users/dituser/code/hadoop-2.8.1/mongo-hadoop-
core-2.0.2.jar]
hive> add jar /Users/dituser/code/hadoop-2.8.1/mongodb-
driver-3.5.0.jar;
Added [/Users/dituser/code/hadoop-2.8.1/mongodb-driver-3.5.0.jar]
```

```
to class path
Added resources: [/Users/dituser/code/hadoop-2.8.1/mongodb-
driver-3.5.0.jar]
hive> add jar /Users/dituser/code/hadoop-2.8.1/mongo-
hadoop- hive-2.0.2.jar;
Added [/Users/dituser/code/hadoop-2.8.1/mongo-hadoop-
hive-2.0.2.jar] to class path
Added resources: [/Users/dituser/code/hadoop-2.8.1/mongo-hadoop-
hive-2.0.2.jar]
hive>
```

假设数据在表 exchanges 中，如表 9.2 所示。

表 9.2　exchanges 表

customerid	int
pair	string
time	timestamp
recommendation	int

💡 也可以使用 Gradle 或 Maven 在本地项目中下载 JAR。如果只需要 MapReduce，那么只需下载 mongo-hadoop-core JAR 即可。对于 Pig/Hive/Streaming 等，必须从 http://repo1.maven.org/maven2/ org/mongodb/mongo-hadoop/ 下载相应的 JAR。

有用的 Hive 命令如下。

```
show  databases;
create  table  exchanges(customerId  int,  pair  String,
time TIMESTAMP,  recommendation  int);
```

（7）现在我们已经完成了设置，接下来可以创建一个由本地 Hive 数据支持的 MongoDB 集合，如下所示。

```
hive> create external table exchanges_mongo (objectid STRING,
customerid INT,pair STRING,time STRING, recommendation INT) STORED
BY 'com.mongodb.hadoop.hive.MongoStorageHandler' WITH
SERDEPROPERTIES('mongo.columns.mapping'='{"objectid":"_id",
"customerid":"customerid","pair":"pair","time":"Timestamp",
"recommendation":"recommendation"}')
tblproperties('mongo.uri'='mongodb://localhost:27017/exchange_data.
```

```
xmr_btc');
```

（8）将 exchanges 的 Hive 表中的所有数据复制到 MongoDB 中，具体如下所示。

```
hive> Insert into table exchanges_mongo select * from exchanges;
```

经过上述步骤之后，已经使用 Hive 在 Hadoop 和 MongoDB 之间建立了一个管道，没有任何外部服务器。

9.2.3　从 Hadoop 到 MongoDB 管道

使用 MongoDB Connector for Hadoop 的另一种方法是，使用我们选择的编程语言从 Hadoop 导出数据，然后按照本书前几章所介绍的方法，使用低级驱动程序或 ODM 写入 MongoDB。

例如，在 Ruby 中有以下几个选项。

● GitHub 上的 WebHDFS：该选项将使用 WebHDFS 或 HttpFS Hadoop API 从 HDFS 获取数据。

● 系统调用：使用 Hadoop 命令行工具和 Ruby 的 system() 调用。

而在 Python 中，可以使用以下选项。

● HdfsCLI：使用 WebHDFS 或 HttpFS Hadoop API。

● libhdfs：使用围绕 HDFS Java 客户端的基于 JNI 的原生 C。

所有这些选项都需要在 Hadoop 基础架构和 MongoDB 服务器之间使用中间服务器，而另一方面，则允许在导出 / 导入数据的抽取、转换、加载（Extract、Transform、Load，ETL）过程中具有更大的灵活性。

9.2.4　从 Spark 到 MongoDB

MongoDB 还提供了一个直接查询 Spark 集群并将数据导出到 MongoDB 的工具。Spark 是一个集群计算框架，通常在 Hadoop 中作为 YARN 模块运行，但也可以在其他文件系统之上独立运行。

MongoDB Spark Connector 可以使用 Java、Scala、Python 和 R 从 Spark 读取和写入 MongoDB 集合。它还可以在为 Spark 支持的数据集创建临时视图后使用聚合并对 MongoDB 数据运行 SQL 查询。

使用 Scala 时，还可以使用 Spark Streaming 和 Spark 框架，用于构建在 Apache Spark 之上的数据流应用程序。

9.3　参 考 资 料

- https://www.cisco.com/c/en/us/solutions/collateral/service-provider/visual-networking-index-vni/vni-hyperconnectivity-wp.html
- http://www.ibmbigdatahub.com/infographic/four-vs-big-data
- https://spreadstreet.io/database/
- http://mattturck.com/wp-content/uploads/2017/05/Matt-Turck-FirstMark-2017-Big-Data-Landscape.png
- http://mattturck.com/bigdata2017/
- https://dzone.com/articles/hadoop-t-etl
- https://www.cloudamqp.com/blog/2014-12-03-what-is-message-queuing.html
- https://www.linkedin.com/pulse/jms-vs-amqp-eran-shaham
- https://www.cloudamqp.com/blog/2017-01-09-apachekafka-vs-rabbitmq.html
- https://trends.google.com/trends/explore?date=allq= ActiveMQ,RabbitMQ,ZeroMQ
- https://thenextweb.com/insider/2017/03/06/the-incredible-growth-of-the-internet-over-the-past-five-years-explained-in-detail/#.tnw_ALaObAUG
- https://static.googleusercontent.com/media/research.google.com/en//archive/mapreduce-osdi04.pdf
- https://wiki.apache.org/hadoop/PoweredByYarn
- https://www.slideshare.net/cloudera/introduction-to-yarn-and-mapreduce-2?next_slideshow=1
- https://www.mongodb.com/blog/post/mongodb-live-at-craigslist
- https://www.mongodb.com/blog/post/mongodb-at-baidu-powering-100-apps-across-600-nodes-at-pb-scale
- http://www.datamation.com/data-center/hadoop-vs.-spark-the-new-age-of-big-data.html
- https://www.mongodb.com/mongodb-data-warehouse-time-series-and-device-history-data-medtronic-transcript
- https://www.mongodb.com/blog/post/mongodb-debuts-in-gartner-s-magic-quadrant-for-data-warehouse-and-data-management-solutions-for-analytics
- https://www.infoworld.com/article/3014440/big-data/five-things-you-need-to-know-about-hadoop-v-apache-spark.html

- https://www.quora.com/What-is-the-difference-between-Hadoop-and-Spark
- https://iamsoftwareengineer.wordpress.com/2015/12/15/hadoop-vs-spark/?iframe=true-theme_preview=true
- https://www.infoq.com/articles/apache-kafka
- https://stackoverflow.com/questions/42151544/is-there-any-reason-to-use-rabbitmq-over-kafka
- https://medium.com/@jaykreps/exactly-once-support-in-apache-kafka-55e1fdd0a35f
- https://www.slideshare.net/sbaltagi/apache-kafka-vs-rabbitmq-fit-for-purpose-decision-tree
- https://techbeacon.com/what-apache-kafka-why-it-so-popular-should-you-use-it
- https://github.com/zendesk/ruby-kafka
- http://zhongyaonan.com/hadoop-tutorial/setting-up-hadoop-2-6-on-mac-osx-yosemite.html
- https://github.com/mtth/hdfs
- http://wesmckinney.com/blog/outlook-for-2017/
- http://wesmckinney.com/blog/python-hdfs-interfaces/
- https://acadgild.com/blog/how-to-export-data-from-hive-to-mongodb/
- https://sookocheff.com/post/kafka/kafka-in-a-nutshell/
- https://www.codementor.io/jadianes/spark-mllib-logistic-regression-du107neto
- http://ondra-m.github.io/ruby-spark/
- https://amodernstory.com/2015/03/29/installing-hive-on-mac/
- https://www.infoq.com/articles/apache-spark-introduction
- https://cs.stanford.edu/~matei/papers/2010/hotcloud_spark.pdf

9.4　小　　结

　　本章详细阐述了大数据领域发展前景，以及如何从 MongoDB 的角度看待消息排队系统和数据仓库技术，并对它们进行了比较和评估。本章还通过一个大数据用例，介绍了如何从实用角度将 MongoDB 与 Kafka 和 Hadoop 集成。

　　下一章将转向复制和集群操作，并讨论副本集、内部选举，以及 MongoDB 集群的设置和管理等主题。

第 10 章 复　　制

从很早开始，复制就是 MongoDB 最有用的功能之一。一般来说，复制（Replication）是指跨不同服务器同步数据的过程。

复制所具有的优势如下。

- 防止数据丢失
- 数据的高可用性
- 灾难恢复
- 避免因维护而停机
- 扩展读取，因为现在可以从多个服务器读取
- 扩展写入（仅当可以写入多个服务器时）

本章还将讨论副本集上的集群操作。管理任务（如维护、重新同步成员、更改 oplog 大小、重新配置成员及链式复制等）都将在本章后面介绍。

本章将要讨论的主题包括以下内容。

- 复制和架构
- 选举方式
- 设置副本集
- 连接到副本集
- 副本集管理
- 副本集的限制

10.1　复　　制

复制可以采用不同的方法。MongoDB 所采用的方法是主从（Master-Slave）逻辑复制，本章将对此作进一步的详细解释。

10.1.1　逻辑或物理复制

在逻辑复制中，我们将让 Master/Primary 服务器执行操作，然后 Slave/Secondary 服务器跟随在主服务器操作队列的后面，并以相同的顺序应用相同的操作。在 MongoDB

的示例中，oplog（操作日志）将跟踪主服务器上发生的操作，并在辅助服务器上以完全相同的顺序应用它们。

逻辑复制对于各种应用程序非常有用，例如信息共享，数据分析和联机分析处理（Online Analytical Processing，OLAP）报告。

在物理复制中，数据在物理层级上复制，其级别低于数据库操作。这意味着我们不是应用操作，而是复制受这些操作影响的字节。这也意味着可以获得更高的效率，因为将使用低级结构来传输数据。还可以确定复制的数据库的状态完全相同，因为它们每一个字节都是相同的。

物理层面上的复制通常缺少的是有关数据库结构的知识，这意味着从数据库复制某些集合并忽略其他集合会非常困难（如果不是不可能的话）。

物理复制通常适用于灾难恢复等较为罕见的情况。在灾难恢复中，完整且精确的副本对于将应用程序恢复到确切的状态至关重要。这些完整内容包括：数据、索引、Journaling 日记中数据库的内部状态及关键的重做/撤销日志等。

复制是跨多个服务器同步数据的过程。复制可提供冗余，并通过不同数据库服务器上的多个数据副本提高数据可用性。复制可以保护数据库免于丢失单个服务器。复制还允许从硬件故障和服务中断中恢复。

有了更多的数据副本之后，即可将其专用于灾难恢复、报告或备份。

10.1.2　不同的高可用性类型

在高可用性中，可以使用多种配置。主服务器称为热服务器（Hot Server），因为它可以处理每个请求。

辅助服务器（Secondary Server）可以是以下任何一种状态。

- 冷（Cold）
- 温（Warm）
- 热（Hot）

辅助冷服务器（Secondary Cold Server）虽然是一个服务器，但是在主服务器脱机的情况下，无法期望它保存主服务器所具有的数据和状态。

辅助温服务器（Secondary Warm Server）接收来自主服务器的定期数据更新，但通常不完全与主服务器保持同步。它可用于某些非实时分析报告，以减轻主服务器负载，但如果主服务器发生故障，通常无法获取主服务器的事务负载。

辅助热服务器（Secondary Hot Server）始终保持主服务器数据和状态的最新副本。它通常在热备用（Hot Standby）状态下等待，以便在主服务器出现故障时接管。

MongoDB 具有热服务器和温服务器类型的功能，下文将进行详细探讨。

💡 大多数数据库系统都采用类似的主/辅（Primary/Secondary）服务器概念，因此从概念上讲，MongoDB 中的所有内容也都应用于主/辅服务器。

10.2　架　构　概　述

MongoDB 的复制架构如图 10.1 所示。

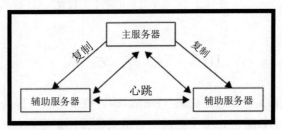

图 10.1　MongoDB 复制架构示意图

资料来源：https://docs.mongodb.com/master/replication/

主服务器是唯一可以随时进行写入的服务器。辅助服务器处于热备用状态，准备好在主服务器发生故障时接管。一旦主服务器发生故障，就会从辅助服务器中选举出其中的一个成为主服务器。

也可以有仲裁节点（Arbiter Node）。仲裁者节点不持有任何数据，其唯一目的是参与选举过程。

我们必须总是有奇数个节点（包括仲裁节点）。例如，3、5 和 7 都可以，这样设计是为了在主服务器（或更多服务器）失败的情况下，在选举过程中能产生多数票。

如果副本集的其他成员没有收到来自主服务器的响应超过 10 秒（该时间值可配置），则符合条件的辅助服务器将启动选举过程以投票选择新的主服务器。第一个主持选举并赢得大多数选票的辅助服务器将成为新的主服务器。现在，所有剩余的服务器将从新的主服务器进行复制，它们的角色仍然是辅助服务器，但是从新的主服务器同步。

ℹ️ 副本集最多可以包含 50 个成员，但是在选举过程中，最多只能有 7 个成员投票。

在新选举之后，副本集的设置如图 10.2 所示。

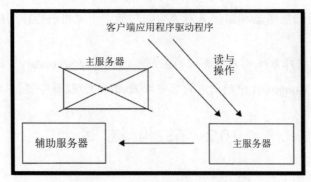

图 10.2　新选举之后的副本集设置

10.3　选举方式

副本集中的所有服务器都通过心跳（Heartbeat）与其他成员保持定期通信。所谓"心跳"就是定期发送的小数据包，用于验证所有成员是否正常运行。

辅助服务器还将与主服务器进行通信，以便从 oplog 获取最新更新，并将其应用于自己的数据。

ⓘ 这里的通信是指最新的复制选举协议，其版本为 1，它是在 MongoDB v3.2 中引入的。

选举的运作方式大致如下所述。

当主服务器发生故障时，所有辅助服务器都将失去心跳或更多。它们将等待，直到 settings.electionTimeoutMillis 时间过去（默认为 10 秒），然后辅助服务器开始一轮或多轮选举以找到新的主服务器。

要使某个服务器从辅助服务器中被选为主服务器，它必须具有以下两个属性。

● 和选民在同一个组，并且该组拥有 50% + 1 的票数。

● 是该组中最新的辅助服务器。

在 3 个服务器的简单示例中，每个服务器一张选票，一旦我们丢失了主服务器，其他两个服务器将各自拥有一票，所以占总票数的三分之二，因此，具有最新 oplog 的服务器将被选为主服务器。

现在来考虑更复杂的设置。

● 7 个服务器（1 个主服务器，6 个辅助服务器）。
● 每个服务器一张选票。

假设我们已经丢失了主服务器，而其余 6 台服务器则出现了网络连接问题，导致网络被划分为 2 个区，如图 10.3 所示。

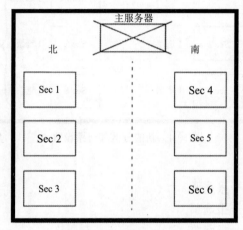

图 10.3　复杂的选举示例

北分区：

● 3 台服务器（每台 1 票）

南分区：

● 3 台服务器（每台 1 票）

每个分区都不知道其他服务器发生了什么。现在，当它们举行选举时，没有分区可以建立多数，因为它们都只有 7 张选票中的 3 张。这意味着两个分区都无法选出主服务器。要解决该问题，可以让其中某一台服务器具有 3 张选票。

例如，假设让 7 号服务器具有 3 张选票，则现在的整体集群设置如下。

● 服务器＃1 —— 一张选票
● 服务器＃2 —— 一张选票
● 服务器＃3 —— 一张选票
● 服务器＃4 —— 一张选票
● 服务器＃5 —— 一张选票
● 服务器＃6 —— 一张选票
● 服务器＃7 —— 三张选票

丢失服务器＃1 之后，现在的分区看起来如图 10.4 所示。

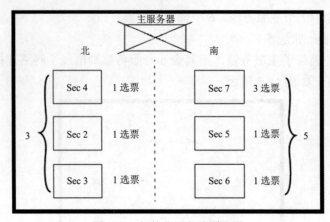

图 10.4　新的分区和选票设置

北分区：
- 服务器＃2 —— 一张选票
- 服务器＃3 —— 一张选票
- 服务器＃4 —— 一张选票

南分区：
- 服务器＃5 —— 一张选票
- 服务器＃6 —— 一张选票
- 服务器＃7 —— 三张选票

现在，南分区有 3 台服务器，但是在总共 9 票中占有 5 票。所以，在服务器＃5、＃6 和＃7 中，oplog 条目最新的服务器将被选为主服务器。

10.4　关于副本集的用例

MongoDB 提供了使用副本集的大部分优势，此外还包括如下优点。
- 防止数据丢失
- 数据的高可用性
- 灾难恢复
- 避免因维护而停机
- 扩展读取，因为可以从多个服务器读取
- 帮助设计地理上分散的服务
- 数据隐私

　　和本章开头列出的复制的优势相比，唯一相差的项目就是扩展写入。这是因为在 MongoDB 中，开发人员只能有一个主服务器，并且只有这个主服务器才可以从应用服务器获取写入。

　　当开发人员想要获得扩展写入性能时，通常会设计和实现分片机制，这在本书第 11 章中将有详细介绍。

　　MongoDB 复制实现方式的两个有趣属性是地理上分散的服务和数据隐私。

　　我们的应用程序服务器位于全球多个数据中心的情况并不少见。通过使用复制，可以使辅助服务器尽可能靠近应用程序服务器。这意味着我们的读取速度很快，就好像它是本机一样，而且只有写入操作会导致延迟和性能惩罚。当然，这需要在应用程序级别进行一些规划，以使我们能够维护两个不同的数据库连接池，这可以使用官方 MongoDB 驱动程序或使用更高级别的 ODM 轻松完成。

　　MongoDB 复制设计的第二个有趣特性是实现数据隐私。当我们的服务器在地理上分散在不同的数据中心时，即可为每个数据库启用复制。通过使数据库远离复制过程，可以确保数据始终限制在我们需要的数据中心内。我们还可以在同一个 MongoDB 服务器中为每个数据库设置不同的复制模式，以便根据数据隐私需求，设计多个复制策略。如果我们的数据隐私法规不允许，则排除副本集中的某些服务器。

10.5　设置副本集

本节将介绍最常见的部署过程及副本集设置。

10.5.1　将独立服务器转换为副本集

要将独立服务器转换为副本集，首先需要完全地关闭 mongo 服务器。

```
> use admin
> db.shutdownServer()
```

然后，可以通过命令行或使用配置文件添加 --replSet 配置选项启动服务器，具体如下一节所述。

首先，可以通过 mongo shell 连接到新的副本集启用实例，如下所示。

```
> rs.initiate()
```

现在，已经拥有副本集的第一台服务器。可以使用 mongo shell 添加其他服务器（必须也使用 --replSet 启动），如下所示。

```
> rs.add("<hostname><:port>")
```

💡 可以使用 rs.conf() 仔细检查副本集配置，然后使用 rs.status() 验证副本集状态。

10.5.2　创建副本集

将 MongoDB 服务器作为副本集的一部分启动非常简单，只需要通过命令行在配置中设置它，如下所示。

```
> mongod --replSet "xmr_cluster"
```

这对于开发目的来说是很好的，但是对于生产环境，则建议使用配置文件。

```
> mongod --config <path-to-config>
```

在这里，<path-to-config> 可以是以下文件。

```
/etc/mongod.conf
```

此配置文件必须采用 YAML 格式。

💡 YAML 不支持制表符。开发人员可以使用自己选择的编辑器将制表符转换为空格。

一个非常简单的配置文件示例如下所示。

```
systemLog:
    destination: file
    path: "/var/log/mongodb/mongod.log"
    logAppend: true
storage:
    journal:
        enabled: true
processManagement:
    fork: true
net:
    bindIp: 127.0.0.1
    port: 27017
replication:
    oplogSizeMB: <int>
    replSetName: <string>
```

根级别选项通过嵌套定义叶级别选项适用的部分。

关于复制，强制选项是 oplogSizeMB（指成员的 oplog 大小，以 MB 为单位）和 replSetName（副本集名称，如 xmr_cluster）。

我们还可以在与 replSetName 相同的级别上设置以下内容。

```
secondaryIndexPrefetch: <string>
```

这仅适用于 MMAPv1 存储引擎，并且是指在从 oplog 应用操作之前将加载到内存中的辅助服务器上的索引。

默认为 all，并且可用的选项为 none 和 _id_only，后面的选项将不加载索引到内存中，而只加载在 _id 字段上创建的默认索引。

```
enableMajorityReadConcern: <boolean>
```

这是为此成员启用 majority 读取首选项的配置设置。

在不同节点上启动了所有副本集进程之后，即可使用 mongo 从命令行通过相应的 host：port 登录到其中一个节点。

然后需要从一个成员初始化该集群。

如果使用的是配置文件，那么它将如下所示。

```
> rs.initiate()
```

或者我们也可以将配置作为文档参数传递。

```
> rs.initiate( {
    _id : "xmr_cluster",
    members: [ { _id : 0, host : "host:port" } ]
})
```

💡 可以通过在 shell 中使用 rs.conf() 来验证集群是否已初始化。

接下来，可以使用我们在网络设置中定义的 host：port 将每个其他成员添加到副本集中，具体如下所示。

```
> rs.add("host2:port2")
> rs.add("host3:port3")
```

💡 必须为 HA 副本集使用的最小服务器数量为 3。虽然可以使用仲裁器替换其中一个服务器，但是并不建议这样做。一旦添加了所有服务器，那么只要稍等片刻，就可以使用 rs.status() 来检查集群的状态。

默认情况下，oplog 将占可用磁盘空间的 5 %。如果想在创建副本集时定义它，则可以通过在配置文件中传递命令行参数 --oplogSizeMB 或 replication.oplogSizeMB 来实现。oplog 大小不能超过 50 GB。

10.5.3 读取首选项设置

默认情况下，所有写入和读取操作都来自主服务器。辅助服务器的作用是复制数据而不是用于查询。

在某些情况下，更改此设置并开始从辅助服务器读取也可能是有益的。

MongoDB 官方驱动程序支持 5 个级别的读取首选项，如表 10.1 所示。

表 10.1 MongoDB 官方驱动程序支持的读取首选项

读取首选项模式	说　明
primary	默认模式。所有操作都从当前副本集的 primary 中读取
primaryPreferred	在大多数情况下，操作从 primary 服务器读取，但如果不可用，则操作从 secondary 成员读取
secondary	所有操作都从副本集的 secondary 成员中读取
secondaryPreferred	在大多数情况下，操作从 secondary 成员读取，但如果没有可用的 secondary 成员，则操作从 primary 服务器中读取
nearest	操作从具有最小网络延迟的副本集的成员读取，而不管成员的类型如何

使用除 primary 之外的任何读取首选项对于非时间敏感的异步操作可能是有益的。例如，报告服务器可以从辅助服务器而不是主服务器的数据库中读取数据，虽然会因为需要聚合数据而有一点延迟，但是这样也可以使主服务器能承受更多的读取负载。

地理位置分散的应用程序也将从辅助服务器的数据库中读取，因为这些应用程序的延迟会显著降低。

虽然可能和直观感受不同，但只是将读取首选项从 primary 更改为 secondary 并不会显著增加集群的总读取容量。这是因为，集群的所有成员可以分别从 primary 和 secondary 服务器的写入和复制中获取大致相同的写入负载。

更重要的是，从辅助服务器读取可能会返回必须在应用程序级别处理的陈旧数据。与主服务器上的写入相比，从可能具有可变复制延迟的不同辅助服务器读取可能导致从其插入顺序读取文档（非单调读取）。

如上所述，如果应用程序设计支持该功能，那么测试从辅助服务器读取不失为一个好主意。可以帮助我们避免读取陈旧数据的其他配置选项如下。

```
maxStalenessSeconds
```

基于每个辅助服务器的粗略估计，可以将其设置为 90（秒）或更高，以避免读取陈旧数据。

鉴于辅助服务器知道它们与主服务器之间存在差距，但没有准确或积极地估计它，这应该被视为一种近似，而不是将我们的设计基于这种设置。

10.5.4　写入关注

默认情况下，一旦主服务器确认写入，MongoDB 副本集中的写入操作将得到确认。如果想要改变这种行为，可以通过两种不同的方式来执行。

如果想要确保写入已经传播到副本集的多个成员，然后将其标记为已完成，则可以针对每个操作请求不同的写入关注（Write Concern），如下所示。

```
> db.mongo_books.insert(
    { name: "Mastering MongoDB", isbn: "1001" },
    { writeConcern: { w: 2, wtimeout: 5000 } }
)
```

在上面的示例中，我们正在等待写入由两个服务器（主服务器和任何一个辅助服务器）确认。此外，还设置了 5000 毫秒的超时，以避免在网络速度缓慢或没有足够服务器来确认请求的情况下写入被阻塞。

还可以更改整个副本集的默认写入关注，如下所示。

```
> cfg = rs.conf()
> cfg.settings.getLastErrorDefaults = {w:"majority",wtimeout: 5000}
> rs.reconfig(cfg)
```

在上面的示例中，将写入关注设置为 majority，并且超时设置也是 5 秒（5000 毫秒）。写入关注 majority 可以确保写入将传播到至少 n/2 + 1 个服务器，其中的 n 就是副本集成员的数量。

💡 如果读取首选项也是 majority，则写入关注 majority 是很有用的，因为它将确保每个具有 w: 'majority' 的写入也将具有相同的读取首选项。

　　如果已经设置 w > 1，那么同时设置 wtimeout: <milliseconds> 也很有用。一旦达到超时，wtimeout 将从写操作返回，因此不会无限期地阻止客户端。

　　建议同时设置 j：true。j：true 会在确认写入之前等待将写操作写入日记。w > 1 和 j：true 将等待指定数量的服务器在确认之前写入日记。

自定义写入关注

还可以通过不同的标签（即 reporting、east-coast servers、HQ servers）识别副本集成员，并为每个操作指定自定义的写入关注。

通过 mongo shell 连接到主服务器的常规过程如下所示。

```
> conf = rs.conf()
> conf.members[0].tags = { "location": "UK", "use": "production",
"location_uk":"true"   }
> conf.members[1].tags = { "location": "UK", "use": "reporting",
"location_uk":"true"   }
> conf.members[2].tags = { "location": "Ireland", "use": "production"}
```

现在可以按以下方式设置自定义写入关注。

```
> conf.settings = { getLastErrorModes: { UKWrites : { "location_uk": 2}
} }
```

然后应用如下。

```
> rs.reconfig(conf)
```

现在可以通过在写入中设置 writeConcern 来开始使用它，如下所示。

```
> db.mongo_books.insert({<our insert object>}, { writeConcern: { w:
"UKWrites" } })
```

这意味着只有在满足 UKWrites 写入关注的情况下才能确认写入，该关注会依次被至少两个验证它的服务器所满足（这两个服务器都带有 location_uk 标记）。由于仅在英国（UK）有两台服务器，所以，通过这种自定义写入关注，可以确保将数据写入所有位于英国的服务器。

10.5.5　副本集成员的优先级设置

MongoDB 允许开发人员为每个副本集成员设置不同的优先级（Priority）。这意味着可以通过该功能实现一些有趣的应用和拓扑。

要在设置集群后更改优先级，必须使用 mongo shell 连接到主服务器并获取配置对象（此处命名为 cfg）。

```
> cfg = rs.conf()
```

然后可以将副本集成员子文档的 priority 属性更改为我们选择的值。

```
> cfg.members[0].priority = 0.778
> cfg.members[1].priority = 999.9999
```

💡 每个成员的默认 priority 为 1。优先级可以设置为 0（永远不会成为主服务器）到浮点精度值 1000。

当主服务器宕机之后，具有更高优先级值的成员将是第一个发起选举并且最有可能赢得选举的成员。

💡 在配置自定义优先级时，应该充分考虑所有服务器的不同的网络分区。以错误的方式设置优先级可能导致选举无法顺利选出主服务器，从而停止对 MongoDB 副本集的所有写入。

💡 如果想要防止某个辅助服务器成为主服务器，则可以将其优先级设置为 0，下文有详细介绍。

1. 优先级为 0 的副本集成员

在某些情况下（例如，如果有多个数据中心），希望某些成员永远不能成为主服务器。

在具有多个数据中心复制的方案中，主数据中心可能在英国有一个主服务器和一个辅助服务器，在俄罗斯有一个辅助服务器。在这种情况下，不希望位于俄罗斯的辅助服务器成为主服务器，因为它会导致位于英国的应用服务器出现延迟。在这种情况下，可以将位于俄罗斯的辅助服务器的优先级 priority 设置为 0。

priority 为 0 的副本集成员也无法触发选举。除此之外，它们与副本集中的其他成员是一样的。要更改副本集成员的优先级，必须首先通过 mongo shell 连接到主服务器来获取当前的副本集配置。

```
> cfg = rs.conf()
```

以上命令将输出配置文档，其中包含副本集中每个成员的配置。在 members 子文档中，可以找到必须设置为 0 的 priority 属性。

```
> cfg.members[2].priority = 0
```

最后，还需要使用更新之后的配置重新配置副本集。

```
rs.reconfig(cfg)
```

💡 开发人员应确保在每个节点上运行相同版本的 MongoDB，否则可能会出现意外行为。应避免在高容量期间重新配置副本集的集群。重新配置副本集可能会导致强制选择新的主服务器，这将关闭所有活动连接，并可能导致 10 ~ 30 秒的停机时间。开发人员应该尝试确定运行维护操作（如重新配置）的最低流量的时间窗口，并始终制定比较完整的恢复计划以防出现问题。

2. 隐藏的副本集成员

隐藏副本集成员（Hidden Replica Set Member）用于特殊任务。它们对客户端是不可见的，不会出现在 db.isMaster() mongo shell 命令和类似的管理命令中，并且客户端在做设置时（例如，读取首选项）也不会把它考虑在内。

它们可以投票选举，但永远不会成为主服务器。

隐藏的副本集成员将仅同步主服务器的数据，并且不接受客户端的读取。因此，它具有与主服务器相同的写入负载（用于复制目的），但没有自己的读取负载。

由于前面提到的特征，报告是隐藏成员的最常见应用。可以直接连接到该成员，并将其用作 OLAP 的真实数据源。

要设置隐藏的副本集成员，可以采用与设置 priority 为 0 类似的过程。在通过 mongo shell 连接到主服务器之后，即可获取配置对象，在成员子文档中，找到想要设置为隐藏成员的相应的子文档，然后将其 priority 设置为 0，将其 hidden 属性设置为 true。最后，开发人员还必须通过调用 rs.reconfig(config_object) 来应用新配置，而其中的 config_object 则用作参数。

```
> cfg = rs.conf()
> cfg.members[0].priority = 0
> cfg.members[0].hidden = true
> rs.reconfig(cfg)
```

隐藏的副本集成员也可用于备份目的。但是，正如下一小节所述，开发人员可能更希望在物理层面上使用其他选项作为备份措施。此外，如果想要在逻辑层面上复制数据，则可以考虑使用延迟副本集。

3. 延迟副本集成员

在许多情况下，开发人员都希望能有一个节点及时保存在较早的时间点的数据副本。这有助于从大部分的人为错误中恢复，例如，意外删除集合或由升级导致的可怕错误。

延迟副本集成员（Delayed Replica Set Member）必须是 priority 为 0，并且 hidden＝true。

延迟副本集成员可以投票选举，但永远不会对客户端可见（hidden＝true），而且永远不会成为主服务器（priority＝0）。

继前面的例子之后。

```
> cfg = rs.conf()
> cfg.members[0].priority = 0
> cfg.members[0].hidden = true
> cfg.members[0].slaveDelay = 7200
> rs.reconfig(cfg)
```

这会将 members[0] 设置为 2 小时的延迟。决定主服务器和延迟服务器之间的 delta 时间段的两个重要因素如下。

● 在主服务器上的足够的 oplog 大小。

● 在延迟成员开始获取数据之前，有足够的完成维护的时间。

决定延迟设置的因素如表 10.2 所示。

表 10.2 决定主服务器和延迟服务器之间的 delta 时间段的因素

以小时为单位的维护时间窗口	延迟	以小时为单位的主服务器上的 oplog 的大小
0.5	[0.5,5)	5

4. 生产环境中要考虑的因素

在单独的物理主机上部署每个 mongod 实例。如果使用的是虚拟机，则需要确保它们映射到不同的底层物理主机。

使用 bind_ip 选项确保服务器映射到特定的网络接口和端口地址。

使用防火墙阻止访问任何其他端口和/或仅允许应用程序服务器和 MongoDB 服务器之间的访问，甚至还可以更进一步，设置虚拟专用网络（Virtual Private Network，VPN），以使服务器能以安全、加密的方式相互通信。

10.6　连接到副本集

连接到副本集与连接到单个服务器其实并没有本质上的不同。本节将使用官方发布的 mongo-ruby-driver 显示一些示例。

首先，需要设置主机和选项对象。

```
client_host = ['hostname:port']
client_options = {
    database: 'signals',
    replica_set: 'xmr_btc'
}
```

在上面的示例中，我们已经准备好在 replica_set xmr_btc 中的数据库信号中连接到 host：port 主机名。

在 Mongo∷ Client 上调用初始化程序，现在将返回一个包含与副本集和数据库的连接的客户端对象。

```
client = Mongo::Client.new(client_host, client_options)
```

然后，该客户端对象具有与连接到单个服务器时相同的选项。

🔘 MongoDB 在连接到 client_host 后将使用自动发现来识别副本集的其他成员，无论是主服务器还是辅助服务器。

客户端对象应该用作单例（Singleton），创建一次之后即可在代码库中重用。

拥有单例客户端的对象在某些情况下其规则可以被覆盖，因此，如果副本集具有不同的连接类，则应该创建不同的客户端对象。

例如，可以为大多数操作提供一个客户端对象，而另一个客户端对象则提供只需从辅助服务器读取的操作。

```
client_reporting = client.with(:read => { :mode => :secondary })
```

此 Ruby MongoDB 客户端命令将返回具有读取首选项为 secondary 的 MongoDB∷ Client 对象的副本，该副本仅用于报告目的。

可以在 client_options 初始化对象中使用的一些最有用的选项如表 10.3 所示。

表 10.3 可以在 client_options 初始化对象中使用的实用选项

选 项	说 明	类 型	默 认 值
replica_set	副本集名称。在上面的示例中已有使用，例如： replica_set:'xmr_btc'	字符串	无

write	作为哈希对象的写入关注选项。可用选项包括：w、wtimeout、j、fsync。也就是说，要指定对两台服务器的写入、使用 Journaling 日记、冲刷到磁盘（fsync）为 true，超时为 1 秒，则可以使用以下示例：
	{write:
	   {w: 2,
	   j: true,
	   wtimeout: 1000,
	   fsync: true
	} }
		哈希	{ w: 1 }

read	作为哈希对象的读取首选项。可用选项包括 mode 和 tag_sets。
	也就是说，要限制从具有标记 UKWrites 的辅助服务器读取，可以使用以下示例：
	{ read:
	   { mode: :secondary,
	   tag_sets:
	     ["UKWrites"]
	   }
	}
		哈希	{mode：primary}

user	要进行身份验证的用户的名称	字符串	无
password	要进行身份验证的用户的密码	字符串	无
connect	使用 :direct 可以强制将副本集成员视为独立服务器，绕过自动发现。其他选项还包括： :direct、:replica_set 和 :Sharded 等	符号	无
heartbeat_frequency	副本集成员通信的频率，以检查它们是否全部存活	浮点值	10
database	连接的数据库	字符串	admin

与连接到独立服务器类似，还有一些围绕 SSL 的选项和以相同方式使用的身份验证。还可以通过设置以下内容来配置连接池。

```
min_pool_size(defaults to 1 connection),
max_pool_size(defaults to 5),
wait_queue_timeout(defaults to 1 in seconds).
```

MongoDB 驱动程序将尝试重用现有连接（如果可用的话），或者打开新连接。一旦达到连接池的限制，则驱动程序将阻止新连接，等到有连接被释放才使用它。

10.7　副本集管理

对副本集的管理可能比单个服务器部署所需的要复杂得多。本节将重点介绍一些必须执行的最常见的管理任务，以及如何执行这些任务，而不是试图详尽地涵盖所有不同的案例。

10.7.1　对副本集执行维护的方式

如果必须在副本集中的每个成员中执行一些维护任务，则总是首先从辅助服务器开始。首先，可以通过 mongo shell 连接到其中一个辅助服务器；然后，停止这个辅助服务器。

```
> use admin
> db.shutdownServer()
```

接下来，使用在上一步中连接到 mongo shell 的同一用户，将 mongo 服务器重新启动为另一个端口中的独立服务器。

```
> mongod --port 95658 --dbpath <wherever our mongoDB data resides in this host>
```

下一步是连接到这个 mongod 服务器（使用 dbpath）。

```
> mongo --port 37017
```

此时，可以安全地在独立服务器上执行所有管理任务，而不会影响副本集操作。完成之后，我们将以与第一步相同的方式关闭独立服务器。

然后，可以使用命令行或通常使用的配置脚本在副本集中重新启动服务器。最后一步是通过连接到副本集服务器并获取其副本集状态来验证一切正常。

```
> rs.status()
```

该服务器最初应该处于 state：RECOVERING 中，并且一旦它被辅助服务器赶上则处于 state：SECONDARY，就像开始维护之前一样。

为每个辅助服务器重复相同的过程。最后，还必须对主服务器进行维护。主服务器流程中的唯一区别在于，为辅助服务器执行的每个其他步骤之前将主服务器降级为辅助服务器。

```
> rs.stepDown(600)
```

通过使用该参数，可以在 10 分钟内防止辅助服务器被选为主服务器。这应该有足够的时间来关闭服务器并继续维护，就像之前对辅助服务器执行过的一样。

10.7.2　重新同步副本集的成员

辅助服务器通过重放 oplog 的内容与主服务器同步。如果 oplog 不够大，或者遇到了网络问题（例如，分区、性能不佳的网络或仅仅是辅助服务器的中断等），那么 MongoDB 就不能再使用 oplog 来赶上主服务器了。

此时有以下两个选择。

● 比较直接的选择是删除 dbpath 目录并重新启动 mongod 过程。在这种情况下，MongoDB 将从头开始初始化同步。当然，该选项也有缺点，那就是会对副本集和网络造成压力。

● 从操作角度来看，更复杂的选择是从副本集的另一个表现良好的成员复制数据文件。这可以追溯到本书第 7 章"监视、备份和安全性"的内容。但是有一点需要牢记，简单的文件复制很可能是不够的，因为数据文件从我们开始复制的时间到复制结束的时间都会发生变化。

因此，需要能够获取在 data 目录下的文件系统的快照副本。

另一个需要考虑的问题是，当使用新复制的文件启动辅助服务器时，MongoDB 辅助服务器将再次尝试使用 oplog 同步主服务器。因此，如果 oplog 再次落后于主服务器，它无法在主服务器上找到该条目，则此方法也将失败。

🔘 保持足够大小的 oplog。不要让数据在任何副本集成员中失控。尽早设计、测试和部署分片。

10.7.3　更改 oplog 大小

在上面的操作提示中已经明确指出，开发人员可能需要在数据增长时重新考虑并调整操作日志 oplog 的大小。随着数据的不断增长，操作会变得更加复杂和耗时，所以需要调整 oplog 的大小以适应它。

第一步是将 MongoDB 辅助服务器作为独立服务器重新启动，该操作已在第 10.7.1 节"对副本集执行维护的方式"中进行了详细介绍。

然后，可以备份现有的 oplog 如下。

```
> mongodump --db local --collection'oplog.rs' --port 37017
```

并保留这些数据的副本以防万一。

然后按以下方式连接到独立数据库。

```
> use local
> db = db.getSiblingDB('local')
> db.temp.drop()
```

到目前为止，已经连接到本地数据库并删除了 temp 临时集合，以防它剩下任何残余的文档。

下一步是获取当前 oplog 的最后一个条目并将其保存在 temp 集合中。

```
> db.temp.save( db.oplog.rs.find( { }, { ts: 1, h: 1 } ).sort( {$natural
:-1} ).limit(1).next() )
```

💡 当重新启动辅助服务器时，将使用此条目以跟踪其在 oplog 复制中的到达位置。

```
db = db.getSiblingDB('local')
> db.oplog.rs.drop()
```

现在删除现有的 oplog，然后创建一个大小为 4 GB 的新 oplog。

```
> db.runCommand( { create: "oplog.rs", capped: true, size: (4 * 1024 *
1024* 1024) } )
```

下一步是将 temp 集合中的一个条目复制回 oplog。

```
> db.oplog.rs.save( db.temp.findOne() )
```

最后，使用 db.shutdownServer() 命令从 admin 数据库中干净地关闭服务器，并重新启动辅助服务器作为副本集的成员。

对所有辅助服务器重复此过程。最后一个步骤是，使用以下命令首先关闭主服务器，然后对主服务器也重复此过程。

```
> rs.stepDown(600)
```

这和处理其他辅助服务器是一样的。

10.7.4　在丢失了大部分服务器时重新配置副本集

当遇到停机和中断的集群操作时，重新配置副本集仅作为过渡性的临时解决方案和最后的手段。当丢失大部分服务器并且仍然有足够的服务器来启动副本集（可能包括一些快速生成的仲裁节点）时，也可以强制仅对幸存的成员进行重新配置。

首先，需要得到副本集配置文档。

```
> cfg = rs.conf()
```

然后使用 printjson(cfg) 识别仍在运行的成员。假设这些是 1、2 和 3。

```
> cfg.members = [cfg.members [1], cfg.members [2], cfg.members [3]]
> rs.reconfig(cfg, {force:true})
```

通过使用 force：true，可以强制进行此重新配置。当然，这也需要在副本集中至少有 3 个幸存的成员才能工作。

> 💡 通过终止进程和 / 或将其从网络中踢出的方式尽快删除故障服务器，以避免意外后果，这一点非常重要，因为这些服务器可能认为它们仍然是不再承认它们的集群的一部分。

10.7.5 链式复制

MongoDB 中的复制通常发生在从主服务器到辅助服务器。在某些情况下，开发人员可能希望从另一个辅助服务器而不是主服务器复制。像这样的链式复制（Chained Replication）有助于减轻主服务器的读取负载，但同时会增加选择从辅助服务器复制的辅助服务器的平均复制延迟。这样讲是有道理的，因为复制首先必须从主服务器转移到辅助服务器（1），然后才从该辅助服务器转到另一个辅助服务器（2）。

可以使用以下 cfg 命令启用（和相应地禁用）链式复制。

```
> cfg.settings.chainingAllowed = true
```

如果 printjson(cfg) 没有显示设置子文档，则需要先创建一个空文件。

```
> cfg.settings = {}
```

> 💡 如果已有设置文档，则上述命令将导致删除其设置，从而导致潜在的数据丢失。

10.8 副本集的云选项

一方面，开发人员可以从自己的服务器设置和操作副本集，另一方面，也可以通过使用数据库即服务（Database as a Service，DBaaS）提供程序来执行它，以减少操作开销。两个使用最广泛的 MongoDB 云提供商是 mLab（前 MongoLab）和 MongoDB Atlas（MongoDB 公司的原生产品）。

本节将介绍这些选项，以及它们如何使用自己的硬件和数据中心。

10.8.1　mLab

mLab 是 MongoDB 最受欢迎的云 DBaaS 提供商之一，它自 2011 年开始提供，被认为是一个稳定和成熟的供应商。

注册之后，开发人员即可轻松地在一组云服务器中部署副本集的集群，而无须任何操作开销。配置选项包括以 Amazon Web Services（AWS）、Microsoft Azure 或 Google Cloud 作为底层服务器提供商。

最新的 MongoDB 版本有多种大小调整选项，在为 MMAPv1 存储引擎编写时则没有任何支持。

每个提供商在多个国家和地区（美国、欧洲、亚洲）都有数据中心。最值得注意的是，缺少的区域是 AWS China、AWS US Gov 和 AWS Germany 区域。

10.8.2　MongoDB Atlas

MongoDB Atlas 是 MongoDB 公司的新产品，于 2016 年夏季推出。与 mLab 类似，它通过 Web 界面提供单服务器、副本集或分片集群的部署。

它提供最新的 MongoDB 版本。唯一的存储选项是 WiredTiger。每个提供商（美国、欧洲、亚洲）都有多个地区。

最值得注意的是，缺少的区域是 AWS China 和 AWS US Gov 区域。

> 💡 在这两个提供商中（大多数其他提供商也是如此），用户不能拥有跨区域的副本集。如果想要部署真正的全球服务，为全球多个数据中心的用户提供服务，那么 MongoDB 服务器应尽可能靠近应用服务器，而这在价格上绝对是非常高的。

> ℹ️ 云托管服务的运行成本远远高于在服务器中设置这些的成本。开发人员可以在便利性和上市时间方面获得收益，但同时也可能需要支付不菲的运营成本。

10.9　副本集的限制

当开发人员真正理解了为什么需要副本集，以及副本集不能做什么时，才能体会到副本集的好处。

副本集的限制如下。

● 不能水平扩展；如果要水平扩展的话，需要使用分片机制。

● 如果网络不稳定，将会产生复制方面的问题。

● 如果使用辅助服务器进行读取，这会使调试问题变得更复杂，因为辅助服务器上的数据是落后于主服务器的。

另一方面，正如本章前文所述，副本集可以是复制、数据冗余、符合数据隐私要求、备份甚至从人为造成的错误中恢复的最佳选择。

10.10 小 结

本章详细讨论了副本集及如何管理它们。从围绕选举的副本集和副本集内部的架构概述开始，本章还深入研究了如何设置和配置副本集。

考虑到有些开发人员想要将操作外包给云 DBaaS 提供商，所以本章也介绍了如何使用副本集和主要选项执行各种管理任务。

最后，本章还列出了 MongoDB 中的副本集当前具有的一些限制。

第 11 章将继续介绍 MongoDB 中最有趣的概念之一：分片。它可以使 MongoDB 实现水平扩展（Horizontal Scaling）功能。

第 11 章　分　片

从 2010 年 8 月发布的版本 1.6 开始，分片（Sharding）就成为 MongoDB 早期提供的功能之一。所谓"分片"，就是通过在不同服务器之间划分数据集——分片用来横向扩展数据库的能力。Foursquare 和 Bitly 是 MongoDB 最著名的两个早期客户，它们从一开始就一直使用分片到一般可用性版本。

本章将学习如何设计分片集群，以及如何围绕它做出最重要的决策——选择分片键（Shard Key）。本章还将介绍不同的分片技术，以及如何监控和管理分片集群。在此还将讨论 mongos 路由器及如何使用它来跨不同的分片路由查询。最后，本章还将介绍如何从分片错误中恢复。

本章将要讨论的主题包括以下内容。

- 分片和架构
- 分片设置
- 分片管理和监控
- 查询分片数据
- 分片的恢复

11.1　分片的优点

在数据库系统和计算系统中，一般来说有两种方法可以提高性能。第一种方法是简单地使用性能更强大的服务器替换现有服务器，保持相同的网络拓扑和系统架构，这被称为垂直扩展（Vertical Scaling）。

垂直扩展的一个优点是，从操作的角度来看它很简单，特别是对于像亚马逊这样的云提供商，只需单击几下鼠标就可以轻松地用 m2.extralarge 服务器实例替换 m2.medium。

另一个优点是，开发人员不需要进行任何代码方面的更改，并且几乎没有发生灾难性错误的风险。

垂直扩展的主要缺点是，必须像云提供商那样提供性能强大的服务器，而这在成本上显然是一个不菲的负担和限制。

与这个缺点相应的是，要获得性能更强大的服务器，其成本通常不是线性的，而是呈指数级增加，这和珍贵的宝石是一样的，如果有一台性能强大的服务器，其计算能力超过了 5 台廉价服务器聚合在一起的总计算能力，那么它在价格上可能也要超过这 5 台服务器的总价。因此，即使云提供商可提供更强大的实例，我们也会在达到部门预算的限制之前触及成本效益的障碍。

提高性能的第二种方法是，使用在容量上相同的服务器并增加它们的数量，这被称为水平扩展（Horizontal Scaling）。

水平扩展提供的优势是在理论上能够扩展到无穷大，而在实际上则足以满足任何真实应用。其主要缺点是它可能在操作上更复杂，并且需要更改代码，以及预先仔细设计系统。

从系统方面来看，水平扩展也更复杂，因为它需要通过网络链路在不同服务器之间进行通信，这些网络链路不像单个服务器上的进程间通信那样可靠，如图 11.1 所示。

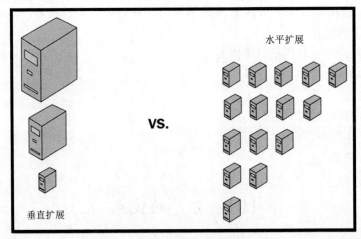

图 11.1　水平扩展的网络链路不像单个服务器上的进程间通信那样可靠

要真正理解扩展，了解单个服务器系统的局限性非常重要。服务器通常受以下一个或多个特征的限制。

- CPU：所谓"受 CPU 限制的系统"是指将受到 CPU 速度限制的系统。例如，矩阵乘法之类的任务虽然可以放在内存中，但是将受到 CPU 的限制，因为要完成这样的任务，必须在 CPU 中执行特定数量的步骤，而无须任何磁盘或内存访问。CPU 使用率是在这种情况下需要跟踪的指标。
- I/O：输入输出限制系统（Input-Output-Bound System，I/O）同样会受到存储系统（HDD 或 SSD）速度的限制。例如，从磁盘读取大型文件以加载到内存中的任务就会受到 I/O 限制，因为在 CPU 处理方面几乎没有什么可做的，大部分时间都用于从磁盘读取文件。在此类任务中，要跟踪的重要指标是与磁盘访问、每秒读取数和每秒写入数相关的所有指标。

● 内存和缓存：内存和缓存限制系统受可用内存量和/或分配的缓存大小的限制。例如，相乘的矩阵如果大于 RAM 的大小，那么这样的任务将是受内存限制的，因为它需要分页从磁盘读入/输出数据以执行乘法。在这种情况下，跟踪的重要指标是内存的使用情况。这可能会误导 MongoDB MMAPv1，因为该存储引擎将通过文件系统缓存分配尽可能多的内存。

另一方面，在 WiredTiger 存储引擎中，如果没有为核心 MongoDB 进程分配足够的内存，则可能会因内存不足（Out of Memory）错误而导致进程被终止，这是开发人员应该竭尽全力去避免的。

监视内存使用情况可以通过两种方式完成，一种是直接方法，可以通过操作系统完成；另一种是间接方法，可以通过跟踪页面输入/输出数据来完成。如果内存分页越来越多，这通常表明内存不足，操作系统正在使用虚拟地址空间来弥补。

💡 MongoDB 是一个数据库系统，通常来说是受到内存和 I/O 限制的。因此，为节点投资固态硬盘（SSD）和更多的内存几乎总是一项很好的选择。大多数系统都将受到上述一个或多个限制的组合。一旦添加了更多的内存，则系统可能会受到 CPU 计算能力的限制，因为复杂的操作几乎总是需要 CPU、I/O 和内存资源的组合应用。

MongoDB 的分片很容易设置和操作，这也是它多年来取得巨大成功的重要因素，因为它提供了水平扩展的优势，而无须大量的工程和运营资源。

话虽如此，但实际上，从一开始就进行分片非常重要，因为从操作的角度来看，一旦设置完成后再想要去更改配置是极其困难的。分片不应该是事后的想法，而应该是早期关键的架构设计决策。

11.2 架 构 概 述

分片集群由以下元素组成。

● 两个或多个分片。每个分片必须是副本集。
● 一个或多个查询路由器（mongos）。简而言之，mongos 提供了应用程序和数据库之间的接口。
● 配置服务器（Config Server）的副本集。配置服务器将存储整个集群的元数据和配置设置。

如图 11.2 所示就是分片架构的示意图。

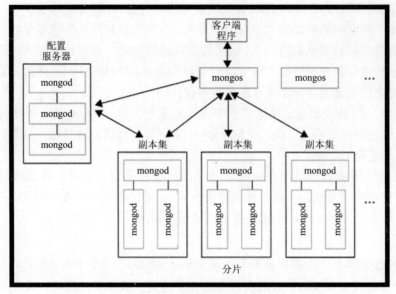

图 11.2　分片架构示意图

资料来源：https://www.infoq.com/news/2010/08/MongoDB-1.6

💡 单台服务器无法组成分片。

11.2.1　开发、持续部署和暂存环境

预生产环境（Preproduction Environment）中，使用整套服务器可能会有些过分，出于效率原因，开发人员可能会选择使用更简化的架构。

可以部署用于分片的最简单的配置如下。

● 一个 mongos 路由器。

● 一个带有一台 MongoDB 服务器和两个仲裁器的分片副本集。

● 一个配置服务器的副本集，包含一台 MongoDB 服务器和两个仲裁器。

这应该严格用于开发和测试，因为这种体系结构违背了副本集提供的大多数优势，例如高可用性、可扩展性和数据复制。

💡 强烈建议使用暂存（Staging）环境，以便按服务器、配置和数据集要求（如果可能的话）镜像生产环境，避免在部署时出现意外情况。

11.2.2 提前计划分片

分片是复杂且成本较高的操作方式。重要的是提前计划并确保在达到系统限制之前很早就开始分片过程。

关于何时开始分片，可以参考以下一些粗略指标。

● 平均 CPU 利用率 < 70%。
● I/O 特别是写入容量 < 80%。
● 内存利用率平均 < 70%。

由于分片有助于提高写入性能，因此请务必关注应用程序的 I/O 写入容量和要求。

🛈 不要等到最后一分钟才开始在已经忙碌的 MongoDB 系统中进行分片，这样可能会产生意想不到的后果。

11.3 分 片 设 置

分片在集合级别执行。由于多种原因，开发人员可能会拥有不想要或不需要进行分片的集合。可以保持这些集合不受影响。

这些集合将存储在主分片中。MongoDB 中的每个数据库的主分片都不同。

当我们在分片环境中创建新数据库时，MongoDB 会自动选择主分片。MongoDB 将选择创建时存储数据最少的分片作为主分片。

如果想要将主分片更改为任何其他点，则可以发出以下命令。

```
> db.runCommand( { movePrimary : "mongo_books", to : "UK_based" } )
```

以上命令会将名为 mongo_books 的数据库移动到名为 UK_based 的分片。

11.3.1 选择分片键

选择分片键是开发人员需要做出的最重要的决定。原因是，一旦对数据进行分片并部署了集群，就很难再更改分片键。

接下来将详细介绍更改分片键的过程。

更改分片键

在 MongoDB 中，没有命令或简单的过程来更改分片键。更改分片键的唯一方法是备份和恢复所有数据，这些操作在高负载的生产环境中可能非常难以实现。

要更改分片键，可以按以下步骤操作。

（1）从 MongoDB 中导出所有数据。

（2）删除原始分片集合。

（3）使用新键配置分片。

（4）预先划分新的分片键范围。

（5）将数据恢复回 MongoDB。

在这些步骤中，步骤（4）需要更多的解释。

MongoDB 使用块（Chunk）来分割分片集合中的数据。如果从头开始引导 MongoDB 分片集群，则 MongoDB 将自动计算块。然后，MongoDB 将在不同的分片中分发块，以确保每个分片中有相同数量的块。

我们无法真正做到这一点的唯一情况是想要将数据加载到新分片的集合中。

其原因如下。

（1）MongoDB 仅在 insert 操作后才创建拆分。

（2）块迁移会将该块中的所有数据从一个分片复制到另一个分片。

（3）floor(n/2) 块迁移可以在任何给定时间发生，其中 n 是拥有的分片数。即使有 3 个分片，这也只是一次 floor(1.5) = 1 的块迁移。

这 3 个限制相结合意味着让 MongoDB 自行解决这个问题肯定会花费很长的时间，并可能导致最终失败。这就是为什么开发人员需要预先划分数据，并给 MongoDB 提供一些引导，让它了解块应该去的地方。

仍以前文介绍的 mongo_books 数据库和 books 集合为例，其命令如下。

```
> db.runCommand( { split : "mongo_books.books", middle : { id : 50 } } )
```

这里的 middle 命令参数将在 id <= 50 的文档和 id > 50 的文档中划分我们的键空间。在集合中并不需要存在 id = 50 的文档，因为这只会作为分区的引导值。

在这个例子中，选择 50 的意思就是假设我们的键在 0 到 100 的值范围内遵循均匀分布（即每个值的键数相同）。

> 💡TIP　开发人员应该致力于创建至少 20 ～ 30 个块，以便为 MongoDB 提供潜在迁移的灵活性。如果开发人员想要手动定义分区键，则可以使用 bounds 和 find 而不是 middle，但是，在应用它们之前，这两个参数都需要数据存在于集合中。

11.3.2　选择正确的分片键

在经过上一节的铺垫之后，现在不言而喻，我们需要考虑选择正确的分片键，因为它是必须始终坚持的东西，选定之后就不宜再作更改。

一个很好的分片键有以下 3 个特征。

- 高基数（Cardinality）
- 低频率
- 非单调变化的值

首先回顾这 3 个属性的定义，以了解它们的含义。

高基数意味着分片键必须具有尽可能多的不同值。布尔值只能使用 true/false 值，因此它是一个糟糕的分片键选择。

一个 64 位长的值字段，可以取 $-2^{63} \sim 2^{63}-1$ 的任何值，并且就基数而言是一个很好的例子。

低频率直接与高基数的争论有关。低频分片键的值分布接近完全随机 / 均匀分布。

使用我们的 64 位长的值的例子，如果有一个字段，可以取值的范围为从 $-2^{63} \sim 2^{63}-1$，最终却只能一直观察到 0 和 1 的值，那么这对我们来说没什么用。实际上，它与使用布尔字段一样糟糕，因为布尔字段也只能取两个值。

如果有一个具有高频率值的分片键，那么最终会得到不可分割的块。这些块无法进一步划分并且会增长大小，从消极的一面来说，这会影响到包含它们的分片的性能。

非单调变化的值意味着分片键不应该是一个整数，它总是随着每一次的新插入而增加。如果选择以单调递增方式的值作为分片键，那么这将导致所有写入最终都将写入所有分片中的最后一个分片，从而限制了写入的性能。

> **TIP** 如果开发人员想要使用单调变化的值作为分片键，那么应该考虑使用基于哈希的分片。

下文将介绍不同的分片策略及其优缺点。

1. 基于范围的分片

默认和最广泛使用的分片策略是基于范围（Range）的分片。此策略将集合数据拆分为块，使用相同分片中的附近值对文档进行分组。

对于我们的示例数据库和集合，分别是 mongo_books 和 books，如下所示。

```
> sh.shardCollection("mongo_books.books", { id: 1 } )
```

这将在 id 上创建一个基于范围的分片键，其中包含上升方向。分片键的方向将决定哪些文档将在第一个分片中结束，而哪些文档又将在后续分片中结束。

如果计划使用基于范围的查询，这是一个很好的策略，因为这些查询将被定向到保存结果集的分片，而不必查询所有分片。

2．基于哈希的分片

如果没有实现前面提到的 3 个目标的分片键（或者不能创建一个），则可以使用基于哈希的分片的替代策略。

在这种情况下，我们将使用查询隔离（Query Isolation）来进行数据的分发。

基于哈希的分片将采用分片键的值并以保证接近均匀分布的方式散列它们。这样我们就可以确保我们的数据在分片中均匀分布。

缺点是只有完全匹配的查询才会被路由到保存该值的确切分片。任何范围查询都必须从所有分片中获取数据。

对于我们的示例数据库和集合，分别是 mongo_books 和 books，如下所示。

```
> sh.shardCollection("mongo_books.books", { id: "hashed" } )
```

与前面的示例类似，现在使用 id 字段作为哈希分片键。

> 假设开发人员使用具有浮点值的字段进行基于散列的分片，然后，如果开发人员的浮点值的精度超过了 2^{53}，则最终将产生冲突，所以应尽可能避免使用这些字段。

3．提出自己的分片键

基于范围的分片不需要局限于单个键。事实上，在大多数情况下，希望结合多个键来实现高基数和低频率。

一种常见的模式是将低基数作为其第一部分（但仍然具有超过我们所拥有的分片数的两倍的不同值），而将高基数键作为其第二部分，这样组合起来，就实现了读取和写入分发均从分片键的第一部分开始，然后从第二部分获得基数和读取的本地性。

另一方面，如果我们没有范围查询，则可以通过在主键上使用基于散列的分片来避开，因为这将完全针对正在进行的分片和文档。

这些考虑的因素可能会根据我们的工作负载而改变。例如，几乎完全（假设占比 99.5%）读取的工作负载不会关心写入的分发。可以使用内置的 _id 字段作为分片键，这只会在最后一个分片中添加 0.5% 的负载。读取仍将跨分片分布。

糟糕的是，在大多数情况下，这并不是可以简单为之的。

4．基于位置的数据

由于管理法规的要求，以及开发者希望自己的数据尽可能接近用户，因此通常会存在一个地域上的限制，要求限制特定数据中心的数据。通过在不同的数据中心放置不同的分片，可以满足这一要求。

💡 每个分片本质上都是一个副本集。开发人员可以像连接到用于管理和维护操作的副本集一样连接到它。可以直接查询一个分片的数据，但结果只是完整分片结果集的一个子集。

11.4 分片管理和监控

与单服务器或副本集部署相比，分片之后的 MongoDB 环境具有一些独特的挑战和限制。本节将深入阐述 MongoDB 如何使用块（Chunk）来平衡在分片中的数据以及如何在需要时调整它们。

此外，本节还将讨论一些分片的设计限制。

11.4.1 跟踪和保持数据平衡

MongoDB 中分片的优点之一是它对应用程序基本上是透明的，并且需要的管理和操作也是非常少的。

MongoDB 需要不断执行的核心任务之一是在分片之间平衡数据。无论我们实现的是基于范围还是基于散列的分片，MongoDB 都需要计算散列字段的边界（Bounds），以便能够确定在哪一个分片上执行每个新文档的插入或更新。随着数据的增长，可能需要重新调整这些边界以避免某个热分片最终获得了大部分数据，产生数据上的不平衡分布。

举例来说，假设有一个名为 extra_tiny_int 的数据类型，其整数值范围为 [-12,12)。如果在这个 extra_tiny_int 字段上启用分片，则数据的初始边界将是 $minKey：-12 和 $maxKey：11 表示的整个值范围。

在我们插入一些初始数据之后，MongoDB 将生成块并重新计算每个块的边界以尝试平衡数据。

💡 默认情况下，MongoDB 创建的块的初始数量是分片数量的 2 倍，即 2× 分片的数量。

在 2 个分片和 4 个初始块的情况下，初始边界将计算为。

Chunk1：[−12 .. − 6)

Chunk2：[− 6..0)

Chunk3：[0..6)

Chunk4：[6,12)

其中，"["表示包括在内，而")"则表示不包括在内。

各个块的初始边界如图 11.3 所示。

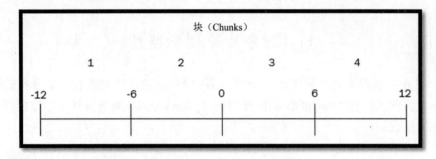

图 11.3　各个块的初始边界

在插入一些数据之后，块看起来如下所示。

ShardA

Chunk1　　　　　Chunk2

−12,−8,−7　　　　−6

ShardB

Chunk3　　　　　Chunk4

0,2　　　　　　7,8,9,10,11,11,11,11

如图 11.4 所示。

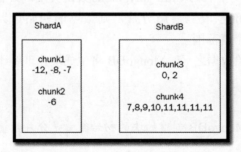

图 11.4　在插入一些数据之后的块

在这种情况下，可以观察到 Chunk4 比其他任何块的项目都多。

MongoDB 会先将 Chunk4 拆分为两个新块，尝试将每个块的大小保持在特定阈值（默认为 64 MB）。

现在，我们没有 Chunk4，而是有如下数据。

Chunk4A

7,8,9,10

Chunk4B

11,11,11,11

如图 11.5 所示。

新的边界如下所示。

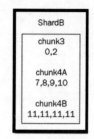

图 11.5　Chunk4 被拆分为两个新块

Chunk4A：[6,11)

Chunk4B：[11,12)

请注意，Chunk4B 只能保存一个值。现在这是一个不可分割的块，它不能再被分解成更小块的块，并且会在不受限制的情况下增长，从而导致潜在的性能问题。

以上示例非常清晰地阐释了为什么我们需要使用高基数字段作为我们的分片键，以及为什么类似布尔值的只有 true/false 值的东西对于分片键来说是糟糕的选择。

在我们的示例中，目前在 ShardA 中有 2 个块，在 ShardB 中有 3 个块。块数和迁移阈值之间的关系如表 11.1 所示。

表 11.1　块数和迁移阈值之间的关系

块　　数	迁 移 阈 值
＜ 20	2
20 ～ 79	4
≥ 80	8

由此可见，还没有达到迁移阈值，因为 3−2 = 1，而表 11.1 显示，在块数小于 20 的情况下，迁移阈值为 2。

在计算迁移阈值时，将采用具有最高块数的分片中的块数以及具有最低块数的分片中的块数。例如，假设有下面 3 个分片和块数。

Shard1 –＞ 85 块

Shard2 –＞ 86 块

Shard3 –＞ 92 块

在上面的示例中，在 Shard3（或 Shard2）达到 93 个块之前都不会发生平衡操作，这是因为，对于大于或等于 80 个块来说，迁移阈值为 8，而 Shard1 和 Shard3 之间的差异仍然只有 7 个块（92 ～ 85）。

如果继续在 Chunk4A 中添加数据，那么它最终将被拆分为 Chunk4A1 和 Chunk4A2。

现 在 在 ShardB 中 有 4 个 块（Chunk3、Chunk4A1、Chunk4A2 和 Chunk4B）， 在 ShardA（Chunk1 和 Chunk2）中有两个块，如图 11.6 所示。

图 11.6　分片 ShardB 中的块

MongoDB 平衡器（Balancer）现在会将一个块从 ShardB 迁移到 ShardA，原因是 4 － 2 ＝ 2，达到了在小于 20 个块的情况下的迁移阈值。平衡器将调整两个分片之间的边界，以便能够更有效地进行查询（目标查询），如图 11.7 所示。

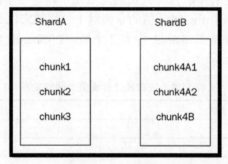

图 11.7　MongoDB 平衡器将进行平衡迁移

💡 如图 11.7 所示，MongoDB 将尝试在大小方面将大于 64 MB 的块拆分为两半。如果数据分布开始不均匀，则两个结果块之间的边界可能完全不均匀。MongoDB 可以将块拆分为较小的块，但不能自动合并它们。需要手动合并块，这是一个非常精细且操作上成本很高的过程。

11.4.2　块的管理

大多数时候，应该将块管理留给 MongoDB。当我们将配置从副本集更改为分片时，手动管理块的情况主要来自数据的初始加载。

1. 移动块

要手动移动块，需要在连接到 mongos 和 admin 数据库后发出以下命令。

```
> db.runCommand( { moveChunk : 'mongo_books.books' ,
                   find : {id: 50},
                   to : 'shard1.packtdb.com' } )
```

使用上述命令，我们将包含 id: 50（这必须是分片键）的文档的块从数据库 mongo_books 的集合 books 移动到名为 shard1.packtdb.com 的新分片。

还可以更明确地定义想要移动的块的边界（Bounds）。现在的语法如下所示。

```
> db.runCommand( { moveChunk: 'mongo_books.books',
                   bounds:[ { id : <minValue> },
     { id : <maxValue> } ],
                   to : 'shard1.packtdb.com' } )
```

在这里，minValue 和 maxValue 是从 db.printShardingStatus() 得到的值。

例如，在之前使用的示例中，对于 Chunk2 来说，minValue 应该是 -6，而 maxValue 则应该是 0。

> 💡 不要在基于散列的分片中使用查找，改为使用边界。

2．更改默认块大小

要更改默认块大小，需要先连接到 mongos 路由器，然后连接到 config 数据库。

最后，发出以下命令将全局 chunksize 更改为 16 MB。

```
> db.settings.save( { _id:"chunksize", value: 16 } )
```

更改 chunksize 背后的主要原因是，64 MB 的默认 chunksize 可能导致更多的 I/O 问题，超出了硬件可以处理的能力。在这种情况下，定义较小的 chunksize 将导致更频繁但数据密集度较低的迁移。

更改默认的块大小有以下几个缺点。

- 通过定义较小的块大小而创建的更多拆分无法自动撤销。
- 增加块大小不会强制任何块迁移；相反，块将通过插入和更新增长，直到它们达到新的大小。
- 降低块大小可能需要相当长的时间才能完成。
- 如果块大小更低，则自动拆分以符合新的块大小这种情况仅在插入或更新时发生。

有些块可能得不到任何写操作，因此不会改变大小。

块大小可以是 [1, …, 1024] MB。

3．特大块

在某些极端情况下，可能最终得到特大块（Jumbo Chunks），即大于默认块大小的块，并且不能被 MongoDB 拆分。如果块中的文档数超过了最大文档的限制，那么也可能遇到相同的情况。

这些块将启用 jumbo 标志。理想情况下，MongoDB 将跟踪它是否可以拆分块，并且一旦发现可以即拆分它。但是，可能会决定在 MongoDB 之前手动触发拆分。

要手动拆分特大块，可以按以下方式操作。

首先，通过 shell 连接到 mongos 路由器并运行以下命令。

```
> sh.status(true)
```

识别在其描述中具有 jumbo 的块。

```
databases:
...
mongo_books.books
...
chunks:
...
        shardB      2
        shardA      2
    { "id" : 7 } -->> { "id" : 9 } on : shardA Timestamp(2, 2) jumbo
```

手动调用 splitAt() 或 splitFind() 以在 id = 8 的数据库 mongo_books 的 books 集合上拆分该块。

```
> sh.splitAt( "mongo_books.books", { id: 8 })
```

💡 **TIP** splitAt() 将根据我们定义的拆分点进行拆分。两个新拆分的块可能会平衡也可能会不平衡。

或者，也可以将它留给 MongoDB，由 MongoDB 来找到合适的拆分位置，在这种情况下可以使用 splitFind。

```
> sh.splitFind("mongo_books.books", {id: 7})
```

splitFind 现在将尝试查找 id: 7 查询所属的块，并自动定义拆分块的新边界，以使它们大致平衡。

在上述两种情况下，MongoDB 都会尝试拆分特大块，如果成功的话，那么它将从中删除 jumbo 标志。

如果前面的操作不成功，那么首先应该尝试停止平衡器，同时还要验证输出并等待任何挂起的迁移首先完成。

```
> sh.stopBalancer()
> sh.getBalancerState()
```

这应该返回 false。

```
> use config
while( sh.isBalancerRunning() ) {
    print("waiting...");
    sleep(1000);
}
```

上面的示例将等待任何 waiting... 消息以停止打印，然后以与之前相同的方式找到标记为 jumbo 的块。

最后更新 mongos 路由器的 config 数据库中的 chunks 集合，如下所示。

```
> db.getSiblingDB("config").chunks.update(
    { ns: "mongo_books.books", min: { id: 7 }, jumbo: true },
    { $unset: { jumbo: "" } }
)
```

上面的命令是一个常规的 update() 命令，第一个参数是 find() 部分，用于查找要更新的文档，第二个参数是要应用于它的操作（$unset：jumbo flag）。

完成所有这些操作之后，即可重新启用平衡器。

```
> sh.setBalancerState(true)
```

并连接到 admin 数据库以将新配置冲刷到所有节点。

```
> db.adminCommand({ flushRouterConfig: 1 })
```

💡 在手动修改任何状态之前，应该始终备份 config 数据库。

4. 合并块

正如前文所述，通常 MongoDB 将调整分片中每个块的边界，以确保数据均匀分布。在某些情况下，这可能不起作用，特别是当我们手动定义块时，如果我们的数据分布出乎意料地不平衡，或者分片中有很多删除操作，都可能出现这种情况。

拥有空白块会调用不必要的块迁移，并给 MongoDB 一个错误的印象，即某个块需要迁移到某个地方。前文已经解释过，块迁移的阈值取决于每个分片所拥有的块的数量。空白块可能会或也可能不会在需要时触发平衡器。

只有当至少其中一个块为空且仅在相邻块之间时，才会发生块合并。

要查找空块，需要连接到要检查的数据库（在我们的示例中，就是 mongo_books），并执行 runCommand 设置 dataSize，如下所示。

```
> use mongo_books
> db.runCommand({
    "dataSize": "mongo_books.books",
    "keyPattern": { id: 1 },
    "min": { "id": -6 },
    "max": { "id": 0 }
})
```

dataSize 遵循 database_name.collection_name 模式，而 keyPattern 则是为此集合定义的分片键。

min 和 max 值应该通过我们在此集合中拥有的块来计算。在本示例中输入的 ChunkB 的详细信息来自于本章前面的示例。

如果查询的边界（在我们的例子中，也就是 ChunkB 的边界）没有返回文档，则结果将类似于以下内容。

```
{ "size" : 0, "numObjects" : 0, "millis" : 0, "ok" : 1 }
```

现在已经知道 ChunkB 没有数据，则可以将它与另一个块合并（也就是前面描述的示例中的 ChunkA），具体如下所示。

```
> db.runCommand( { mergeChunks: "mongo_books.books",
                bounds: [ { "id": -12 },
                        { id: 0 } ]
        } )
```

成功后，将返回 MongoDB 的默认 ok 状态消息。

```
{ "ok" : 1 }
```

现在可以通过再次调用 sh.status() 验证我们在 ShardA 上只有一个块。

5. 添加和删除分片

将新分片添加到集群非常简单，即连接到 mongos，连接到 admin 数据库，然后调用

runCommand，如下所示。

```
> db.runCommand( {
addShard: "mongo_books_replica_set/rs01.packtdb.com:27017",
maxSize: 18000, name: "packt_mongo_shard_UK"
} )
```

以上示例会从名为 mongo_books_replica_set 的副本集添加一个新分片（该副本集来自在端口 27017 上运行的主机 rs01.packtdb.com）。此分片数据的 maxSize 被定义为 18000 MB（或者也可以将其设置为 0 表示无限制），而新分片的名称则被定义为 packt_mongo_shard_UK。

> 💡 此操作将需要相当长的时间才能完成，因为必须重新平衡块并将其迁移到新的分片。

另一方面，删除分片需要更多参与，因为我们必须确保在途中不会丢失任何数据。

首先，需要确保使用 sh.getBalancerState() 启用平衡器。

然后，在使用 sh.status()、db.printShardingStatus() 或 listShards admin 命令中的任何一个标识要删除的分片之后，即可连接到 admin 数据库并调用 removeShard。具体如下所示。

```
> use admin
> db.runCommand( { removeShard: "packt_mongo_shard_UK" } )
```

其输出应包含以下部分。

```
...
    "msg" : "draining started successfully",
    "state" : "started",
...
```

最后，如果再次调用相同的命令，则可以得到。

```
> db.runCommand( { removeShard: "packt_mongo_shard_UK" } )
...
"msg" : "draining ongoing",
    "state" : "ongoing",
    "remaining" : {
        "chunks" : NumberLong(2),
        "dbs" : NumberLong(3)
    },
...
```

上述结果中的剩余文档包含仍在传输的块和 DB 的数量。在我们的例子中，它分别是 2 个 chunks 和 3 个 dbs。

💡 所有命令都需要在 admin 数据库中执行。

如果要删除的分片用作其包含的一个或多个数据库的主分片，则可能会出现删除分片这种较为复杂的情况。

初始化分片时，主分片由 MongoDB 分配，因此，当我们删除分片时，需要手动将这些数据库移动到新的分片。

通过 removeShard() 的一部分结果，我们将知道是否需要执行此操作。以下就是 removeShard() 的部分结果。

```
...
    "note" : "you need to drop or movePrimary these databases",
        "dbsToMove" : [
            "mongo_books"
        ],
...
```

从以上结果可以看出，我们需要为 mongo_books 数据库执行 movePrimary。要完成该操作，需要再次连接 admin 数据库。

💡 在运行此命令之前，请等待所有块完成迁移。

在继续之前，结果应包含以下内容。

```
...
    "remaining" : {
        "chunks" : NumberLong(0) }
...
> db.runCommand({movePrimary:"mongo_books",to:"packt_mongo_shard_EU"
})
```

此命令将调用阻塞操作，当它返回时，它应该具有如下结果。

```
{ "primary" : "packt_mongo_shard_EU", "ok" : 1 }
```

在完成所有操作后，调用相同的 removeShard() 命令应返回如下结果。

```
> db.runCommand( { removeShard: "packt_mongo_shard_UK" } )
```

```
...
    "msg" : "removeshard completed successfully",
    "state" : "completed",
    "shard" : "packt_mongo_shard_UK"
    "ok" : 1
...
```

如上例所示，在获得了 state：completed 和 ok：1 的结果之后，即可安全地删除 packt_mongo_shard_UK 分片。

删除分片自然比添加分片更复杂。我们需要留出一些时间，虽然可以怀抱最美好的希望，但在实时集群上执行可能具有破坏性的操作时，仍然需要做最坏的打算。

11.4.3　分片限制

虽然分片具有很大的灵活性，但糟糕的是，执行某些操作的方式仍存在一些限制。以下是需要重点强调的事项。

- group() 数据库命令不起作用。无论如何都不应该使用 group()，可以考虑改用 aggregate() 和聚合框架，或者也可以使用 mapreduce()。
- db.eval() 不起作用。不管怎样都不应该使用 db.eval()，出于安全原因，在大多数情况下应该禁用它。
- 更新中的 $isolated 选项不起作用。

这是在分片环境中缺少的功能。update() 的 $isolated 选项提供了保证，如果我们一次更新多个文档，则其他读取器和写入器将看不到一些使用新值更新的文档，并且其他文档仍然具有旧值。

在未分片的环境中实现该功能的方法是对单个线程执行全局写锁定和/或序列化操作，以确保其他线程/操作的每个请求都不会访问受 update() 影响的文档。

这会严重影响并发性和性能，并使其无法在分片环境中实现。

- 不支持查询中的 $snapshot 操作符。find() 游标中的 $snapshot 可以防止文档在更新后移动到磁盘上的其他位置而在结果中出现多次。$snapshot 在操作上的成本是很高的，而且通常不是一项很困难的要求。替换它的方法是在字段上使用查询的索引，该字段的键在查询期间不会更改。
- 如果查询不包含分片键，则索引无法覆盖查询。请注意，分片环境中的结果将来自磁盘，而不仅仅来自索引。唯一的例外是，如果我们仅查询内置的 _id 字段并且仅返回 _id 字段，在这种情况下，MongoDB 仍然可以使用内置索引覆盖查询。

- update() 和 remove() 操作的工作方式不同。分片环境中的所有 update() 和 remove() 操作必须包含要受影响的文档的 _id 或分片键，否则，mongos 路由器将不得不跨所有集合、数据库和分片进行全表扫描，而这在操作上的成本将会非常高昂。
- 跨分片的唯一索引需要包含分片键作为索引的前缀。换句话说，为了实现跨分片的文档的唯一性，我们需要遵循 MongoDB 为分片而依照执行的数据分布。
- 分片键限制（Shard Key Limitations）：分片键最多只能有 512 个字节。分片键索引必须在要获得分片的键字段以及可选的其他字段上按升序排序，或者在其上具有散列索引。

文档中的分片键值也是不可变的。如果 User 集合的分片键是 email，那么在设置它之后就无法更新任何用户的 email 值。

11.5　查询分片数据

使用 MongoDB 分片查询数据与单个服务器部署或副本集不同。它需要连接到 mongos 路由器，而不是连接到单个服务器或副本集的主服务器，mongos 路由器将决定向哪个分片请求数据。本节将详细讨论查询路由器的操作方式，并且专门针对使用 Ruby 的开发人员演示它与副本集的相似之处。

11.5.1　查询路由器

查询路由器（Query Router）也称为 mongos 进程，它可以充当 MongoDB 集群的接口和入口点（Entry Point）。应用程序将会连接到它而不是连接到底层的分片和副本集。mongos 可以执行查询、收集结果，并将它们传递给应用程序。

mongos 不保存任何持久状态，并且通常节约使用系统资源。

> 🄣 mongos 通常托管在与应用程序服务器相同的实例中。

它可以充当请求的代理。当查询进来时，mongos 将检查并确定哪些分片需要执行该查询，并在所有这些分片中建立一个游标。

1. 查找

如果查询包含分片键或分片键的前缀，则 mongos 将执行目标操作，仅查询包含我们正在查找的键的分片。

例如，假设在 User 集合中包含 {_id, email, address} 复合分片键，则可以使用以下任何查询进行有针对性的操作。

```
> db.User.find({_id: 1})
> db.User.find({_id: 1, email: 'alex@packt.com'})
> db.User.find({_id: 1, email: 'janluc@packt.com',
address: 'Linwood Dunn'})
```

这 3 个查询要么有前缀（前两个），要么是完整的分片键。

另一方面，对 {email，address} 或 {address} 的查询将无法定位正确的分片，从而导致广播操作。

广播操作（Broadcast Operation）是不包括分片键或分片键前缀的任何操作，它将导致 mongos 查询每个分片并从中收集结果。它也被称为分散和收集操作（Scatter-and-Gather Operation）或扇出查询（Fanout Query）。

💡 此行为是索引组织方式的直接结果，它与本书第 6 章"索引"中所介绍的有关索引的行为类似。

2. 排序 / 限制 / 跳过

如果想要对结果进行排序，则有以下两种选择。

● 如果在排序条件中使用分片键，那么 mongos 可以确定它必须查询的分片的顺序。这将导致有效且又有针对性的操作。

● 如果在排序条件中没有使用分片键，那么与没有排序的查询一样，它将成为扇出查询。如果要在不使用分片键时对结果进行排序，则主分片会在将已排序的结果集传递给 mongos 之前在本地执行分布式合并排序。

限制（Limit）是指强制对每个单独的分片执行查询，然后再次在 mongos 级别强制执行查询，因为可能存在来自多个分片的结果。

另一方面，跳过（Skip）不能传递给单个分片，并且将在以本地方式检索所有结果后被 mongos 应用。

ℹ 如果组合 skip 和 limit 操作符，则 mongos 将通过把这两个值都传递给单个分片来优化查询，这在诸如分页之类的情况下特别有用。如果在没有排序的情况下进行查询并且结果来自多个分片，则 mongos 将跨分片执行轮询调度算法（Round-Robin）以获得结果。

3．更新 / 删除

在诸如更新和删除等修改文档的操作中，也有类似的需要查找的情况。如果在修改命令的 find 部分中有分片键，那么 mongos 可以将查询定向到相关的分片。

如果在 find 部分中没有分片键，那么它将再次成为扇出操作。

ℹ️ UpdateOne、replaceOne 和 removeOne 之类的操作必须具有分片键或 _id 值。

从本质上讲，对分片操作的情况分类见表 11.2。

表 11.2　分片操作的类型

操 作 类 型	查 询 拓 扑
insert	必须具有分片键
update	可以有分片键
使用分片键的查询	有针对性的操作
没有分片键的查询	分散收集 / 扇出查询
带有分片键的索引 / 排序查询	有针对性的操作
没有分片键的索引 / 排序查询	分布式排序合并

11.5.2　使用 Ruby 查询

使用 Ruby 连接到分片集群与连接到副本集没什么不同。

要使用 Ruby 官方驱动程序，必须配置客户端对象以定义 mongos 服务器集合。

```
client = Mongo::Client.new('mongodb://key:password@mongos-server1-
host:mongos-server1-port,mongos-server2-host:mongos-server2-
port/admin?ssl=true&authSource=admin')
```

然后，**mongo-ruby-driver** 将返回一个客户端对象，这与连接 **Mongo Ruby** 客户端的副本集没有什么不同。

在此之后，开发人员即可像在本书前面的章节中介绍的那样使用客户端对象，需要说明的是，分片与独立服务器或副本集在查询和性能方面的表现有所不同。

11.5.3　与副本集的性能比较

开发人员和架构师一直在寻找比较副本集和分片配置之间性能的方法。

MongoDB 实现分片的方式是基于副本集的顶层。生产中的每个分片都应该是副本集。

性能的主要区别来自扇出查询。当我们在没有分片键的情况下进行查询时，MongoDB 的执行时间受到性能最差的副本集的限制。

此外，在不使用分片键的情况下使用排序时，主服务器必须在整个数据集上实现分布式合并排序，这意味着它必须收集来自不同分片的所有数据，对它们进行合并排序，并将它们作为排序后的结果传递给 mongos。

在这两种情况下，网络延迟和带宽限制都会降低操作速度，而不是副本集。

另一方面，通过使用 3 个分片，我们可以在不同的节点上分配工作集要求，从而提供来自 RAM 的结果，而不是扩展到底层存储（HDD 或 SSD）。

另外，写入也可以显著加速，因为不再受单个节点的 I/O 容量限制，而是可以在与分片一样多的节点中进行写入。

总而言之，在大多数情况下，特别是对于使用分片键的情况来说，查询和修改操作都将因为分片而显著加快。

🔘 分片键是分片机制设计中最重要的一个决定，应该反映并应用于开发人员最常见的应用程序用例。

11.6　分片的恢复

本节将探讨有关分片的不同故障类型以及如何在分片环境中恢复。

11.6.1　mongos

mongos 是一个相对轻量级的进程，没有任何状态。在进程失败的情况下，可以重新启动它或在不同的服务器中启动新进程。建议 mongos 进程与应用程序在同一服务器中共存，这样可以使得在应用程序中使用 mongos 服务器连接很有意义，因为它们共存在应用程序服务器中，可以确保 mongos 进程的高可用性。

11.6.2　mongod 进程

在分片环境中失败的 mongod 进程与在副本集中失败的 mongod 进程没有什么不同。一般来说，如果它是辅助服务器，则主服务器和其他辅助服务器（假设有 3 个节点的副本集）将照常继续。

如果它是一个作为主服务器的 mongod 进程，那么选举回合将开始在这个分片中选举出一个新的主服务器（实际上是一个副本集）。

在这两种情况下，开发人员都应该主动监控并尝试尽快修复节点，否则服务器的可用性会受到影响。

11.6.3　配置服务器

从 MongoDB 3.4 开始，Config 服务器也将配置为副本集。Config 服务器失败与常规 mongod 进程失败没有什么不同。开发人员应该监控、记录和修复该进程。

11.6.4　分片崩溃

丢失整个分片的情形很少见，在很多情况下可归因于网络分区而不是失败的进程。当分片发生故障崩溃时，进入此分片的所有操作都将失败。开发人员可以（并且应该）在应用程序级别实现容错，允许应用程序继续可以完成的操作。

选择一个可以轻松映射操作端的分片键也可以对此问题提供帮助。例如，如果我们的分片键是基于位置的，可能会丢失欧盟分片，但仍然可以通过美国分片来写入和读取有关美国客户的数据。

11.6.5　整个集群都崩溃了

如果发生故障的是整个集群，则除了尽快恢复正常运行之外，无法做任何其他事情。重要的是要有监控和适当的流程来了解需要做什么、何时做，以及由谁来实现。

在整个集群都已经崩溃的情况下，恢复基本上是从备份还原并设置新分片，这比较复杂并且需要一定的时间。

在暂存环境中对这种情况进行测试也是可取的方法，这需要对通过 MongoDB Ops Manager 或任何其他备份解决方案的定期备份进行投入。

11.7　参考资料

- *Scaling MongoDB*，作者：Kristina Chodorow
- *MongoDB: The Definitive Guide*，作者：Kristina Chodorow 和 Michael Dirolf
- https://docs.mongodb.com/manual/sharding/
- https://www.mongodb.com/blog/post/mongodb-16-released
- https://github.com/mongodb/mongo/blob/r3.4.2-rc0/src/mongo/s/commands/ cluster_

shard_collection_cmd.cpp#L469

- https://www.mongodb.com/blog/post/sharding-pitfalls-part-iii-chunk- balancing-and
- http://plusnconsulting.com/post/mongodb-sharding-and-chunks/
- https://github.com/mongodb/mongo/wiki/Sharding-Internals

11.8　小　　结

本章详细探讨了分片机制，这是 MongoDB 最有趣的功能之一。我们从分片的架构概述开始，然后转到如何设计分片，特别是选择正确的分片键。

本章阐述了分片所带来的有关监控、管理，以及限制等的更多信息。还详细介绍了 mongos（即 mongo 分片路由器），它可以将用户的查询定向到正确的分片。最后，本章讨论了 MongoDB 分片环境中常见故障类型及恢复。

第 12 章将介绍有关容错和高可用性方面的内容，并且将提供一些有用的提示和技巧。

第 12 章　容错和高可用性

本章将尝试纳入一些在本书前面的章节中未讨论过的知识，并着重强调其他一些我们认为比较重要的内容。在前 11 章中，已经完成了 MongoDB 基本概念、有效查询、数据管理和扩展等主题的详细阐述。接下来，在本章中，将深入探讨应用程序设计应如何适应和主动满足数据库需求。

日常操作是本章将要讨论的另一个重要领域，包括一些有助于避免出现意外宕机事件的技巧和最佳实践。

鉴于最近有一些勒索软件试图感染并劫持 MongoDB 服务器，所以本章也提供了更多有关安全性的提示。

最后，尝试总结一系列对照检查表中给出的建议，开发人员应该遵循这些建议以确保执行正确设置和最佳实践。

本章将要讨论的主题包括以下内容。

- 读取性能优化
- 防御性编码
- 操作
- 安全性
- 对照检查表

12.1　应用程序设计

本节将介绍一些和 MongoDB 相关的实用的应用程序设计技巧，这些技巧在本书前面的章节中都没有涉及或强调过。

12.1.1　无模式并不意味着没有模式设计

MongoDB 成功的一大部分原因可归功于 ORM/ODM 的日益普及。特别是对于 JavaScript 和 MEAN 堆栈等语言，开发人员从前端（Angular/Express）到后端（Node.js）再到数据库（MongoDB）都可以使用 JavaScript。这意味着 JavaScript 将多次与对象文档映射器（Object Document Mapper，ODM）相结合，而 ODM 则可以抽象出数据库的内部核心，将集合映射到 Node.js 模型。

MongoDB 的主要优点是开发人员不需要考虑数据库模式设计，因为这是由 ODM 自动提供的。缺点是数据库集合和模式设计取决于 ODM，而 ODM 并没有关于不同领域和访问模式等的业务领域的知识。

对于 MongoDB 和其他基于 NoSQL 的数据库而言，这归结为在做出架构决策时的依据，它不仅基于直接需求，而且也基于需要在线下完成的内容。在架构层面上，这可能意味着，开发人员不再采用一体化（Monolithic）的方法，而是结合使用不同的数据库技术来满足各种不断变化的需求，包括使用图形数据库进行与图形相关的查询，使用关系数据库处理分层的无限制数据，使用 MongoDB 进行 JSON 检索、处理和存储等。

事实上，MongoDB 的许多成功用例都来自于它并非被用作一个通用的解决方案，而是仅用于有意义的用例。

12.1.2　读取性能优化

本节将讨论优化读取性能的一些技巧。

合并读取查询

开发人员的目标应该是尽可能少地查询。这可以通过将信息嵌入子文档而不是具有单独的实体来实现。这可能会导致写入负载增加，因为开发人员必须在多个文档中保留相同的数据点，并在其中一个位置更改时保持其各个地方的值。

该设计考虑的因素如下。

● 从数据复制 / 非归一化中获得读取性能优势。

● 数据完整性受益于数据引用（DBRef 或使用属性作为外键的应用程序内代码）。

开发人员应该考虑非归一化（Denormalize），特别是如果读/写比率太高（也就是说，数据很少改变值，但是数据在改变之间会被访问若干次），如果数据可以在短时间内不一致，最重要的是，如果绝对需要读取尽可能快，并且愿意为一致性/写入性能付出代价，则非归一化是可选的手段。

应该非归一化（嵌入）的字段最明显的候选者是依赖项（Dependent）字段。如果开发人员有一个属性或文档结构，而且不打算查询它自己，而只是作为包含的属性 / 文档的一部分，那么嵌入它而不是将它放在单独的文档 / 集合中是有意义的。

仍然以在前面各章节中提到的 Mongo books 集合为例，一本书可以有一个名为 review 的相关数据结构，该结构引用了本书读者的评论。如果最常见的用例是显示一本书及其相关评论，那么可以考虑将评论嵌入到书籍文档中。

这种设计的缺点是，当我们想要找到用户的所有书评时，这个搜索的成本是相当高的，因为不得不迭代所有书籍以搜索相关评论。对用户进行非归一化并将他们的评论嵌入其中也可以解决此问题。

该设计的反例是可以无限增长的数据。在示例中，如果达到 16 MB 的文档大小限制，嵌入评论以及大量的元数据可能会导致出现问题。这里的解决方案是区分预计会快速增长的数据结构和不会快速增长的数据结构，并通过监视在非高峰时间查询我们的实时数据集的进程来关注它们的大小，并报告可能构成宕机风险的属性。

> 🔵 **TIP** 不要嵌入可以无限增长的数据。

当嵌入属性时，必须决定是否使用子文档或封闭数组。

当有一个唯一的标识符来访问子文档时，应该将它作为子文档嵌入。如果并不能确切地知道如何访问它，或者需要能够灵活地查询属性的值，那么应该将它嵌入数组中。

仍以 books 集合为例，如果决定在每本图书的文档中嵌入评论，则可以有以下两种设计。

（1）使用数组。以下是使用数组的图书文档示例。

```
{
Isbn: '1001',
Title: 'Mastering MongoDB',
Reviews: [
{ 'user_id': 1, text: 'great book', rating: 5 },
{ 'user_id': 2, text: 'not so bad book', rating: 3 },
]
}
```

（2）使用嵌入式文档。以下是使用嵌入式文档的图书文档示例。

```
{
Isbn: '1001',
Title: 'Mastering MongoDB',
Reviews:
{ 'user_id': 1, text: 'great book', rating: 5 },
{ 'user_id': 2, text: 'not so bad book', rating: 3 },
}
```

数组结构的优点是，我们可以通过嵌入式数组评论直接查询 MongoDB 以获得 rating > 4 的所有评论。

另一方面，使用嵌入式文档结构，可以像使用数组一样检索所有评论，但是，如果想要对它们进行过滤，则必须在应用程序端而不是在数据库端完成。

12.1.3　防御性编码

防御性编码（Defensive Coding）是指一组实践和软件设计，确保在不可预见的情况下，软件的片段能发挥持续性功能。这实际上是一种通用原则，它把错误情况并入正常逻辑，从而提高了程序的容错性和安全性。

防御性编码优先考虑代码质量、可读性和可预测性。

代码应该是人类和机器都可读和可理解的。通过静态分析工具、代码审查及已报告 /已解决的错误推导出的代码质量指标，可以估算出代码库的质量，并在每个冲刺阶段或准备发布时瞄准某个阈值。

另一方面，代码的可预测性意味着开发人员应该始终对意外输入和不可预见的程序状态产生符合预期的结果。

这些原则适用于每个软件系统。在使用 MongoDB 进行系统编程的环境中，开发人员必须采取一些额外的步骤来确保代码的可预测性，并且通过产生的错误数来衡量质量。

应定期监视和评估导致数据库功能丧失的 MongoDB 限制。

● 文档大小限制：开发人员应该关注预计文档增长最多的集合，运行后台脚本来检查文档大小，如果文档接近极限（16 MB），或者平均大小自上次检查以来显著增加，则有必要发出警报提示。

● 数据完整性检查：如果开发人员使用了非归一化进行读取优化，那么检查数据完整性是一个非常好的习惯。由于软件 bug 或数据库错误，最终可能会在集合中出现不一致的重复数据。

● 模式检查：如果开发人员不想使用 MongoDB 的文档验证功能，而是使用松散的文档模式，那么定期运行脚本以识别文档中存在的字段及其频率仍然是个好主意。然后，与相关访问模式一起，开发人员可以确定是否能识别和合并这些字段。如果要从数据输入随时间变化的另一个系统中提取数据，那么这将非常有用，这可能会导致文档结构发生很大的变化。

● 数据存储检查：这主要适用于使用 MMAPv1，其中的文档填充优化可以帮助提高性能。通过密切关注相对于其填充的文档大小，开发人员可以确保文档大小的修改更新不会导致文档在物理存储中的移动。

这些是开发人员在为 MongoDB 应用程序进行防御性编码时应该实现的基本检查。除此之外，开发人员还需要对应用程序级代码进行防御性编码，以确保在 MongoDB 中发生故障时，应用程序将继续运行，有可能会出现性能下降的情况，但仍可运行。

一个例子是副本集故障转移（Failover）和自动恢复（Failback）。当副本集主服务器失效时，在副本集的其他成员将检测到此故障并且立即选举出新的主服务器，在选举出新的主服务器、提升主服务器并运行之前，会有一段短暂的时间。在这短暂的时间内，开发人员应该确保应用程序继续以只读模式运行，而不是抛出大量的错误。在大多数情况下，选举出一个新的主服务器可以在几秒钟内完成，但在某些情况下，可能在网络分区的少数端，而不能长时间联系主服务器。类似地，一些辅助服务器可能最终处于恢复状态（例如，如果它们在复制中落后于主服务器），在这种情况下，开发人员的应用程序应该能够选择不同的辅助服务器。

设计辅助服务器的访问是防御性编码最有用的例子之一。开发人员的应用程序应该权衡只能由主服务器访问以确保数据一致性的字段和可以接近实时（Near-Real-Time）但并不是真正实时更新的字段。在这种情况下，开发人员可以考虑从辅助服务器读取这些字段。通过使用自动脚本跟踪辅助服务器的复制滞后，开发人员可以查看集群的负载以及启用此功能之后的安全性。

另一种防御性编码的做法是始终在启用 Journaling 日记的情况下执行写入。Journaling 日记功能有助于从服务器崩溃和电源故障中恢复。

最后，开发人员应该尽可能早地使用副本集。除了性能和工作负载改进之外，它们还可以帮助开发人员从服务器故障中恢复。

监控集成

所有上述应用程序设计优化都将使监控工具和服务得到更多的采用。尽管开发人员可以自行编写其中一些脚本，但与云端和内部部署监控工具的集成可以帮助开发人员在更短的时间内完成更多任务。

跟踪的指标应该是以下一项或全部。

● 故障检测

● 故障预防

故障检测是一个被动反应的过程，开发人员应该为每个故障检测标志出现时发生的事情制定明确的协议。例如，如果服务器、副本集或分片失效，那么应该采取哪些恢复的步骤？

另一方面，故障预防则是一个积极主动的过程，旨在帮助开发人员在早期发现问题，解决未来潜在的故障源。例如，应该主动监视 CPU/ 存储 / 内存的使用情况，并使用黄色和红色阈值来进行界定，在达到任一阈值时应该有明确的操作流程。

12.2 操　　作

在连接到 MongoDB 生产服务器时，我们会希望确保操作尽可能是轻量级的（当然也是非破坏性的），并且不会在任何意义上改变数据库状态。

可以链接到查询的两个有用的实用程序如下。

```
> db.collection.find(query).maxTimeMS(999)
```

查询最多只花 999 毫秒，如果超出这个时间限制则返回错误。

```
> db.collection.find(query).maxScan(1000)
```

我们的查询将检查最多 1000 个文档以查找结果然后返回（没有引发错误）。

只要有可能，就应该按时间或文档结果大小绑定查询，以避免运行可能影响生产数据库的意外的长查询。

访问生产数据库的常见原因是解决降级之后的集群性能的问题。这可以通过前文描述的云监控工具进行调查。

通过 MongoDB shell 的 db.currentOp() 将为开发人员提供当前所有操作的列表，然后开发人员就可以隔离具有很大的 .secs_running 值的那些操作并通过 .query 字段来识别它们。

如果想要终止需要很长时间的正在进行的操作，则可以记下 .opid 字段的值并将其传递给 db.killOp(<opid>)。

最后，从操作的角度认识到一切都可能出错是很重要的。我们必须制定一致的备份策略。最重要的是，我们应该练习从备份中恢复，以确保它们按预期工作。

12.3 安 全 性

最近不断爆发出勒索软件（Ransomware）锁定 MongoDB 管理员的事件，他们导出其所有数据库，并将数据全部删除，然后勒索管理员，要求支付赎金以恢复数据库，许多开发人员已经因此而变得更加注重安全性。安全性是检查列表上的项目之一，但是总有一些管理员乐观地认为它不会发生在自己身上，因此可能不会将它提高到足够的优先级顺序上。事实是，在现代互联网领域，每个人都可能成为自动或定向攻击的目标，因此从设计的早期阶段到生产部署之后，都应始终突出考虑安全性问题。

12.3.1 默认启用安全性

应该在 mongod.conf 文件中使用以下内容设置除本地开发服务器之外的每个数据库。

```
auth = true
```

🛈 在本书第 7 章 "监控、备份和安全性" 中已经提出，开发人员应始终启用 SSL。

此外，还应该通过在 mongod.conf 中添加以下行来禁用 REST 和 HTTP 状态接口。

```
nohttpinterface = true
rest = false
```

访问应该被限制为仅在应用程序服务器和 MongoDB 服务器之间，并且仅限于它们需要的接口。使用 bind_ip，开发人员可以强制 MongoDB 监听特定的接口，而不是默认绑定到每个接口可用的行为。

```
bind_ip = 10.10.0.10,10.10.0.20
```

12.3.2 隔离服务器

开发人员可以使用 AWS 虚拟私有云（Virtual Private Cloud，VPC）来保护基础设施周边的安全，或者也可以选择云提供商的其他类似产品。像 VPC 这样的产品是一种额外的安全层，可以将开发人员的服务器隔离在自己的云中，只允许外部连接到达应用服务器，而不是直接连接到 MongoDB 服务器，如图 12.1 所示。

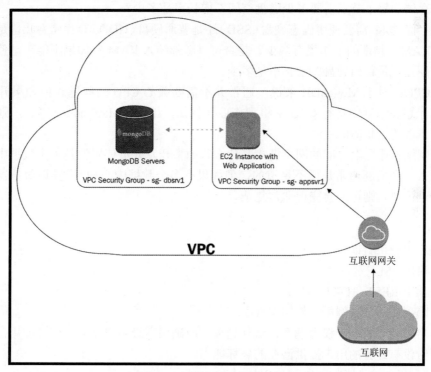

图 12.1 使用 VPC 保护服务器

开发人员还应在基于角色的授权方面多下功夫。安全不仅在于防止外部参与者造成的数据泄漏，还在于确保内部参与者具有对数据的恰当的访问级别。使用 MongoDB 级别中的基于角色的授权，开发人员可以确保用户具有适当的访问级别。

最后，对于大型部署来说，应该考虑使用 MongoDB Enterprise Edition。MongoDB 企业版提供了一些围绕安全性的便捷功能，以及一些知名工具的更多集成。总的来说，应该针对大型部署进行评估，着眼于从单个副本集转换到企业复杂架构时不断变化的需求。

12.3.3　对照检查表

在很多情况下，管理操作会要求完成许多不同时间和复杂度的任务，并对已完成的任务进行标记。一个良好的做法是保留一份对照检查表（Checklist），其中包含需要执行的所有任务及其重要性顺序，这样可以确保不会让事情漏掉。

例如，部署和安全性方面的检查表可以如下所示。

1. 硬件

- 存储：每个节点需要多少磁盘空间？增长率是多少？
- 存储技术：需要使用固态硬盘（SSD）还是普通硬盘（HDD）？存储吞吐量是多少？
- RAM：预期的工作集有多少？是否可以全部纳入 RAM？如果不能，是使用固态硬盘还是普通硬盘？增长率是多少？
- CPU：对于 MongoDB 来说，通常并不需要关心 CPU 的问题。但如果开发人员计划在集群中运行 CPU 密集型作业（例如，聚合、MapReduce 等），则也需要予以适当相应的关注。
- 网络：服务器之间的网络链接是什么？如果开发人员使用的是单个数据中心，那么这个问题通常是微不足道的，但如果有多个数据中心和/或异地服务器用于灾难恢复，则可能会变得非常复杂。

2. 安全

- 启用身份验证。
- 启用 SSL。
- 禁用 REST / HTTP 接口。
- 隔离服务器（例如，使用 VPC）。
- 启用授权机制。权力越大，责任越大。应确保高级用户是可以信任的用户。不要给没有经验的用户提供潜在的破坏能力。

监控和操作检查表如下所示。

3．监控

- 使用上面提到的硬件（CPU、内存、存储、网络）。
- 使用 Pingdom 或其他等效服务进行运行状况检查，以确保在某个服务器发生故障时收到通知。
- 客户端性能监控：集成定期神秘购物者测试（Mystery Shopper Test），从端到端的角度以手动或自动方式使用服务作为客户，以确定其是否按预期运行。请注意，这里监控的不是客户的应用程序性能问题。以网络购物公司为例，客户端性能监控关注的是客户浏览选择商品、下单、确认支付和发货等各环节的平顺度，而不关心客户使用的是手机还是计算机等设备。
- 使用 MongoDB Cloud Manager 监控——它有一个免费的试用版，可以提供有用的指标，当 MongoDB 产品用户遇到问题需要 MongoDB 工程师帮助时，他们通常都会查看该工具，这也可以是 MongoDB 支持合同的一部分。

4．灾难恢复

- 评估风险：从业务角度来看，丢失 MongoDB 数据的风险是什么？是否可以重新创建此数据集，如果是，则需要花费多少时间和精力？
- 制定计划：制定每个故障情景的应变计划，包括在发生故障时需要采取的确切步骤。
- 测试计划：拥有一个恢复策略固然重要，对每个恢复策略进行测试以确保它们正常有效同样重要。如果计划不完善，那么在灾难恢复时就很可能出错，甚至导致整个恢复计划失败，这是在任何情况下都应该杜绝发生的事情。
- 保留一个替代计划：无论如何设计和测试它，在计划、测试或执行过程中任何事情都可能出错。因此，还需要制定一个备用计划，以防在无法使用 A 计划时，还有一个 B 计划可以恢复数据，这也称为最后的计划。它不一定非常有效，但它应该可以减轻任何商业声誉风险。
- 负载测试：在确认部署之前，开发人员应该使用实际的工作负载对应用程序进行端到端的负载测试。这是确保应用程序按预期运行的唯一方法。

12.4　参　考　资　料

- http://mo.github.io/2017/01/22/mongo-db-tips-and-tricks.html
- https://studio3t.com/whats-new/tips-for-sql-users-new-to-mongodb/

- https://www.hostreview.com/blog/170327-top-7-mongodb-performance-tips-must-know

12.5　小　　结

本章讨论了一些在本书前面的章节中未曾涉及的领域的主题。根据我们的工作任务要求应用最佳实践是非常重要的。例如，读取性能优化通常就是需要进行的，而这也是本章要讨论合并查询和数据非归一化的原因。

对于产品部署和确保集群的持续性能和高可用性来说，操作也很重要。

很多管理员在真正遇到事情之前都不太重视安全性，这就是为什么我们应该事先在规划上投入时间，以确保有足够安全措施的原因。

最后，本章还介绍了检查表的概念，以跟踪我们的任务，并确保在主要操作事件（部署、集群升级、从副本集转移到分片等）之前完成所有这些任务。